"十二五"职业教育国家规划立项教材

# 中央空调运行管理与维护保养

主　编　林利芝
副主编　彭荣贤
参　编　范立莉　马卫武　卢继龙　赵凤娇

机械工业出版社

本书是"十二五"职业教育国家规划立项教材，是根据教育部于2014年公布的《职业院校制冷和空调设备运行与维修专业教学标准》，同时参考《中央空调操作员国家职业标准》编写的。

本书主要内容包括：中央空调系统运行管理概论、冷水机组的运行管理与维护保养、空调辅助设备的运行管理与维护保养、中央空调系统的运行管理与维护保养、中央空调水系统的管理。

为方便教学，本书配套有教学资源，选择本书作为教材的教师可来电（010-88319193）索取，或登录网站（www.cmpedu.com）注册、免费下载。

本书可作为高等职业院校中等职业学校制冷和空调设备运行与维修专业的教材，也可作为中央空调运行管理和维护保养人员的岗位培训教材。

**图书在版编目（CIP）数据**

中央空调运行管理与维护保养/林利芝主编. —北京：机械工业出版社，2017.2（2024.1 重印）

"十二五"职业教育国家规划立项教材

ISBN 978-7-111-55917-7

Ⅰ. ①中… Ⅱ. ①林… Ⅲ. ①集中空气调节系统–运行–管理–职业教育–教材②集中空气调节系统–维修–职业教育–教材 Ⅳ. ①TB657.2②TU831.3

中国版本图书馆 CIP 数据核字（2017）第 008718 号

机械工业出版社（北京市百万庄大街22号 邮政编码100037）
策划编辑：汪光灿 责任编辑：汪光灿 李 超
责任校对：王 欣 封面设计：张 静
责任印制：邓 博
北京盛通数码印刷有限公司印刷
2024 年 1 月第 1 版第 9 次印刷
184mm×260mm ·10 印张·232 千字
标准书号：ISBN 978-7-111-55917-7
定价：32.00 元

电话服务　　　　　　　　　　　网络服务
客服电话：010-88361066　　　机 工 官 网：www.cmpbook.com
　　　　　010-88379833　　　机 工 官 博：weibo.com/cmp1952
　　　　　010-68326294　　　金 书 网：www.golden-book.com
**封底无防伪标均为盗版**　机工教育服务网：www.cmpedu.com

本书是由全国机械职业教育教学指导委员会和机械工业出版社联合组织编写的"十二五"职业教育国家规划立项教材，是根据教育部于2014年公布的《职业院校制冷和空调设备运行与维修专业教学标准》，同时参考《中央空调操作员国家职业标准》编写的。

本书主要内容包括：中央空调系统运行管理概论、冷水机组的运行管理与维护保养、空调辅助设备的运行管理与维护保养、中央空调系统的运行管理与维护保养、中央空调水系统的管理。本书重点强调培养理论联系实际、分析问题、解决问题和适应岗位的能力，编写过程中力求体现以下特色。

1）执行新标准。本书依据最新教学标准和课程大纲要求特点，对接职业标准和岗位需求，在教材内容选取上贯彻少而精、理论联系实际的原则，避免选用烦琐的理论推导和设计原理内容，使内容更简洁、实用。

2）围绕中等职业教育的培养目标，结合中央空调系统运行管理岗位的基本技术要求，以其所要求的专业能力为主线安排编写内容，比较全面、系统地介绍了中央空调系统（主要是舒适性空调系统）运行管理的主要工作内容。

3）本书内容的起点基于空调专业的技术基础和专业基本知识，着重点放在介绍与运行管理有关的各项知识与技术上，内容精练，适用性、针对性强，注重对典型系统和设备的运行操作、维护保养、常见问题和故障的分析与解决方法的介绍。本书不仅可以作为教材使用，对实际工作也有着重要的指导作用。

4）注意了与本系列其他教材之间的关系，以运行管理与维护保养的主要工作内容为本书的基本内容，原则上不再重复先修课程的教材中已编写过的内容。

5）本书建议学时为96学时，学时分配建议见下表。

| 单元 | 建议学时 |
| --- | --- |
| 单元一　中央空调系统运行管理概论 | 6 |
| 单元二　冷水机组的运行管理与维护保养 | 32 |
| 单元三　空调辅助设备的运行管理与维护保养 | 38 |
| 单元四　中央空调系统的运行管理与维护保养 | 8 |
| 单元五　中央空调水系统的管理 | 12 |
| 总　计 | 96 |

全书共五个单元，由林利芝（湖南劳动人事职业学院）担任主编、彭荣贤担任副主编，

参与编写的还有范立莉、马卫武（中南大学）、卢继龙（湖南大学）、赵凤娇（中建五局）。

本书经全国职业教育教材审定委员会审定，评审专家对本书提出了宝贵的建议，在此对他们表示衷心的感谢！在编写过程中参阅了国内外出版的有关教材和资料，在此对它们的作者一并表示衷心的感谢！

由于编者水平有限，书中不妥之处在所难免，恳请读者批评指正。

编　者

# 目　录

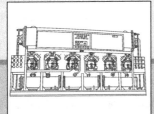

# 单元一

# 中央空调系统运行管理概论

## 【内容构架】

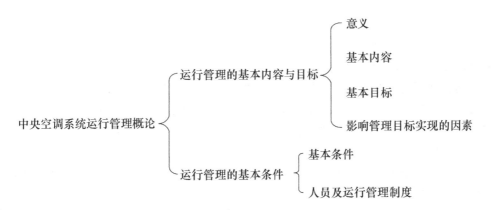

中央空调系统运行管理概论 —— 运行管理的基本内容与目标 —— 意义 / 基本内容 / 基本目标 / 影响管理目标实现的因素

运行管理的基本条件 —— 基本条件 / 人员及运行管理制度

## 【学习引导】

**目的与要求**

- ➡ 掌握中央空调运行管理的重要性和要达到的目标任务。
- ➡ 掌握中央空调运行管理的基本内容。
- ➡ 了解要做好中央空调运行管理的基本条件和影响运行管理目标实现的因素。
- ➡ 熟悉中央空调系统运行管理制度。

**重点与难点**

重点：中央空调运行管理的重要性、目标任务、基本内容。

难点：影响运行管理目标实现的因素，运行管理制度。

---

### 课题一　中央空调系统运行管理的基本内容与目标

### 一、中央空调系统运行管理的意义

中央空调系统的运行管理有十分丰富的科学内涵，使用中央空调的主要目的是满足人们对室内空气环境的舒适要求，而且中央空调系统采用的制冷设备及其他设备，国内仍以电力驱动为主，而且运行时间长，耗电量大，加之中央空调系统往往一次性投资大，要求运行操作人员和维修人员必须具有一定的专业知识和技能知识。因此，中央空调系统运行管理很重要，主要体现在以下几个方面：

1）中央空调系统运行管理的工作任务是以人为本，其好坏直接影响到室内空气环境的质量。

2）中央空调系统运行管理的好坏也直接影响到中央空调系统的寿命，中央空调系统的使用寿命比一般家用空调长一倍，达 10～15 年，如果平时使用中多注意维护和保养，中央空调的使用寿命将更长。

3）中央空调系统运行管理的好坏还直接影响日常费用支出，中央空调系统的用电量一般占整个建筑物全部用电量的 1/4 ~1/3，因此在满足使用要求的前提下，应尽量减少中央空调系统运行时的用电量，它既涉及经济效益，又包含专业技术问题。

4）中央空调系统运行管理的好坏也直接影响到设备的使用效率和故障次数、相关的非正常资金投入，从而影响到管理成本。

中央空调系统运行管理中常见的问题有：

1）空调效果不理想。如房间的温、湿度不能保证在设计或控制的范围内，新风没有或少于最低要求，风量过大或不足，送风温度和出口风速不合适等。

2）运行费用高。电费或燃料费及日常维护保养费开支大。

3）事故和故障多。事故和故障频繁发生，跑、冒、滴、漏现象严重。

4）设备使用寿命短。不到规定期限就要对设备进行维修，或不到正常的折旧年限设备就不能继续使用，需要更新。

5）系统运行不正常。系统不能按设计要求运行和调节，设备达不到最佳运行状态，各项运行参数不能满足规定要求等。

出现以上问题的原因是领导不重视、管理无制度、人员不专业、上岗不培训、工作不负责、操作无规程、运行不调节、使用不维护等。

## 二、中央空调系统运行管理的基本内容

中央空调系统的管理要做好运行操作、维护保养、故障处理、计划检修、更新改造、设备与零配件的选购、技术资料管理七个方面的工作，而运行管理则主要是要做好运行操作、维护保养、故障处理和技术资料管理四个方面的工作。

## 三、中央空调系统运行管理要达到的基本目标

### 1. 满足使用要求

舒适型中央空调系统的运行效果直接体现在人们的工作和生活对室内环境的要求方面，使用空调的环境一般是密闭空间，密闭空间内的空气环境的温度、湿度、流动速度、洁净度和新鲜度等通常需要中央空调系统或空调装置来调节和控制，以创造和保持满足一定要求的空气环境。

### 2. 降低运行成本

除人工费外，运行成本主要包括能源消耗费和维护保养费。有的地方和单位存在着中央

空调装得起、用不起的状况，使得中央空调基本上闲置不用，不能充分发挥其作用。因此，积极降低运行成本是中央空调系统运行管理所要达到的重要目标。

**3. 延长使用寿命**

使用寿命是在不换主要部件的情况下，能够确保正常运行并确保使用性能和效果，中央空调系统和设备所能维持的最长使用时间。在配置有中央空调系统的建筑物的总投资中，一般中央空调系统的费用要占到总费用的 20% 左右。要使这方面的投资发挥出最大效益，就要保证在其正常的使用年限内起到作用。中央空调系统主要设备的平均使用寿命见表 1-1。

表 1-1　中央空调系统主要设备的平均使用寿命

| 名　称 | 平均寿命/年 | 名　称 | 平均寿命/年 |
|---|---|---|---|
| 窗式空调器 | 10 | 活塞式冷水机组 | 20 |
| 空气热泵（住宅用） | 10 | 离心式冷水机组 | 23 |
| 分体式空调器 | 15 | 吸收式冷水机组 | 23 |
| 水冷式空调机 | 15 | 离心式风机 | 23 |
| 水热源热泵（商业用） | 19 | 水　泵 | 20 |
| 空气热源热泵（商业用） | 15 | 冷却塔 | 20 |
| 屋顶空调机 | 15 | 空气冷却盘管 | 20 |

我国在 1985 年对各种设备规定的折旧年限中，规定空调设备的折旧年限为 18 年；1993 年 9 月 1 日起实施的《中国商品流通企业财务制度》中规定制冷设备的折旧年限为 10 ~ 15 年；自动化、半自动化控制设备的折旧年限为 8 ~ 12 年。而中央空调的使用寿命有多长主要取决于三个因素：一是系统和设备的类型；二是设计、安装和制造质量；三是运行操作、维护保养和故障检测水平。

从设备的使用寿命来看，一般进口主机（制冷机或锅炉）的使用寿命可达 20 ~ 25 年，国产优质主机的使用寿命可达 15 ~ 20 年，在室外露天安装并且全年运行的热泵机组的平均寿命约为 15 年。管道系统、控制系统以及末端装置的使用寿命相对来说都要短些。由于使用寿命涉及折旧年限和更新资金的投入，因此使用寿命应至少达到预期的使用年限，超过则更好，这样就可以使更新资金晚投入，从而使整个物业管理或经营成本适当降低。

**4. 保证卫生安全**

通常运行管理人员对中央空调系统提供的新风量不足会影响空调房间内人员的身体健康都有一定的认识，但不一定认识到中央空调系统管理不当还有可能滋生与传播病菌以及输送室外污染物，从而对空调房间内的人员造成危害。中央空调系统的构造及功能特性，决定了它的运行还有可能因非本身问题而危及人们的生命。

## 四、影响中央空调系统运行管理目标实现的因素

由于中央空调系统组成的复杂性、设备的多样性、管道的隐蔽性、室外气象条件的多变性等原因，影响中央空调系统达到满足使用要求、降低运行成本、延长使用寿命、保证卫生安全等基本目标的因素很多，其中主要有以下几个方面的因素：

（1）系统设计与设备选用的质量　这包括系统形式的选择是否恰当、设计是否合理、设备类型的选用是否合适以及容量是否匹配等。

（2）主要设备及辅助装置制造的质量　这包括产品质量是否符合有关技术标准、各项技术参数是否达到样本或铭牌及说明书标明的标准等。

（3）系统及设备安装调试的质量　这包括各种管道的制作、安装及设备、辅助装置的安装是否按照国家有关规范要求进行并达到其标准，经调试后是否达到相应的设计和使用要求等。

（4）使用与操作的质量　这包括在使用与操作过程中，是否使用适当并严格按照操作规程进行操作等。

（5）维护保养的质量　这包括维护保养是否严格按照有关规定及时并保质保量地给予实施等。

（6）检修与技改的质量　这包括检修是否按计划进行、该修的地方是否修好、该换的零配件是否更换、出现的故障或发生的事故是否及时排除，以及技改是否合适、技改后情况是否有改进等。

（7）专业管理队伍的质量　这主要是指专业管理队伍组成人员的技术水平和责任心是否满足有关岗位职责的要求等。

（8）管理制度的质量　这主要是指各专业性规章制度制定得是否科学合理、正确完善，是否具有针对性和可操作性，相互间是否协调一致等。

（9）设备、装置运行环境的质量　这主要是指安装在室内的设备、装置，其工作环境的温、湿度是否合适，安装在室外的设备、装置（冷却塔等除外）是否有遮风挡雨的装置等。

（10）采用新产品、新技术的成熟度　这主要是指采用的新产品或新技术是否成熟、它们的使用是否对达到基本目标有利等。

（11）室内外条件　这主要是指室内是否出现持续超设计负荷的情况、室外是否连续保持超设计条件的情况等。

上述主要影响因素中，前三个因素是先天存在的，其质量好坏，对一般在建筑设备安装工程全部竣工后才接手进行物业设备管理的空调运行管理人员来说是无法控制的；但后面的诸因素则是自己可以很好地把握的。最后一个因素原则上不需要空调运行管理人员来考虑。

## 课题二　中央空调系统运行管理的基本条件

### 一、做好中央空调系统运行管理工作的基本条件

人员配备齐全和管理制度健全是做好运行管理工作的基本条件。

**1. 人员配备齐全**

中央空调系统的运行管理涉及的内容多、技术范围广，要做好各项管理工作，必须根据其规模、复杂程度和管理工作量等情况，定员定岗，建立一支由空调工程师（主管）、班（组）长（领班）和操作人员组成的、精干的专职管理队伍。

（1）空调工程师（主管）　空调工程师（主管）负责本专业的全面工作，不仅要业务能力强，而且要有一定的管理组织能力。具体来说，就是既要有若干年中央空调系统运行管理的工作经验和运行操作、维修保养等工作的组织能力及故障诊断与排除能力，又要有强烈

的事业心和责任感，还要有良好的个人修养和较强的沟通与协调能力。

对一些规模较小的中央空调系统，也可以不设专职空调工程师（主管），但兼职的技术管理人员必须具有一定的空调专业知识和专业技能。

（2）班（组）长（领班）　当中央空调系统的规模、复杂程度和管理工作量决定需要建立运行和维修班组时，就要设班（组）长（领班）。此时，班（组）长（领班）是中央空调系统运行管理第一线的指挥者和组织者，不仅要有一定的组织能力，而且要精通业务、技术过硬，在工作中能以身作则，能起模范带头作用。具体来说，班（组）长（领班）应有两年以上中央空调系统运行管理的工作经历，具有运行操作、维修保养及一般故障处理的能力，还应具备办事认真、为人正直、善于督导下属员工工作的基本素质。

（3）操作人员　操作员和维修工是中央空调系统运行管理的主要工作人员，前者主要承担中央空调系统的运行操作和日常维护保养工作；后者主要承担中央空调系统年度停机期间的维护保养、检修与技术改造工作。这两个岗位的职责虽然不同，但都要求具备一定的专业知识和相关的专业技能，只有经过专业培训，考核合格，并取得了相应的职业（工种）初级以上职业资格（技术等级）证书的人员才能上岗。

应该引起重视的是，操作人员技术水平的高低对于中央空调系统和设备使用状况的影响是很大的。如果操作人员的技术水平与中央空调系统运行管理的要求不相适应，那么不仅会影响中央空调系统和设备效能的发挥，而且往往还会使其受到不应有的损坏。因此，这类人员不仅要有两年以上与中央空调系统运行管理相关的工作经历，而且还应有工作认真负责、踏实肯干、具有团结协作精神的基本素质。

对于规模较小、管理工作量不大的中央空调系统，所需操作人员少，可以不单设操作员和维修工，而是将操作与维修合二为一，这样既可以节约人力，保证操作人员工作量饱满，又有利于操作人员对中央空调系统的全面认识及维护保养与检修。显然，如果这样配置操作人员，对其技术水平的要求就要更高，专业能力的要求就要更强，通常要达到"四会"，即会操作、会保养、会检查和会排除故障。

（4）对基层管理人员的专业要求　中央空调系统运行管理的各项工作要由一支专职队伍去做，其管理目标也要依靠这支队伍去实现。因此，对中央空调系统的基层运行管理人员来说，除了思想政治素质和职业道德方面的要求外，对其专业方面也有特殊的要求。这些要求分为知识和技能两部分，主要包括以下内容：

1）掌握热工学、流体力学、电工和电子技术、自动控制、机械和常用仪器仪表等基础知识。

2）掌握空气的基本性质和焓湿图、空调参数和空调负荷、空气热湿处理方式、中央空调系统的类型，以及相关设备的基本构成、工作原理、正常与非正常工作的状态或参数等专业技术知识。

3）掌握管道加工、电（气）焊、空气参数和电量测量等工艺技术知识。

4）掌握安全用电、防火、防爆、防中毒、节能和环保等安全节能环保知识。

5）具有电工、管道工、钣金工、电（气）焊工或钳工的基本操作技能。

上述各项要求中，岗位不同，要求也略有差别。

此外，基层运行管理人员还必须熟悉所管理的中央空调系统，详细了解所有设备和装置《产品说明书》《操作和维护手册》或《用户手册》的说明与要求，并得到冷水机组等大型设备制造厂家的技术培训认可。同时还应具有节能意识，能对中央空调系统管理的整改提出意见和建议。

在各类专业人员的配备问题上，有些部门的领导往往没有给予应有的重视。由于中央空调系统及设备的自动化程度都很高，因此有些领导认为操作人员只要会开机、会抄表就行，随便什么人员都可以干，而技术主管则由机电专业技术人员（工程师）兼任。这种由对专业知识一无所知或仅了解一些技术皮毛的人员来进行中央空调系统的运行管理，其后果是可想而知的。

**2. 管理制度健全**

中央空调系统是一个复杂的、自动化程度很高的系统，其运行管理除了要配备技术水平高和工作责任心强的专职管理人员外，还要有科学的管理制度。一套行之有效的中央空调系统专业运行管理制度，可分为人员管理制度、设备管理制度、运行管理制度三大部分，每一部分又由若干具体制度组成。

（1）人员管理制度　它包括各类人员岗位职责、业务学习与培训制度等。

（2）设备管理制度　它包括维护保养制度、检验与修理制度等。

（3）运行管理制度　它包括运行值班制度、系统和设备的操作规程、巡回检查制度、交接班制度、机房管理制度、经济节能运行措施、突发事件应急管理措施和紧急情况应急处理措施等。

**3. 了解设计、施工情况**

为了管好、用好中央空调系统，还有一项重要工作不能忽视，那就是要请空调设计师和施工主管技术人员，给全体中央空调系统运行管理人员讲一讲有关设计和施工的情况，达到对这些情况心中有数，有利于中央空调系统在使用时能更好地实现设计师的设计意图，达到设计目的；对可能产生的问题和出现的不利情况能预防在先，使中央空调系统运行管理工作处于积极主动的地位。

为此，要请设计师全面介绍其设计理念和思路、系统方案和设备的选用情况、对日常运行管理的要求、运行调节或出现问题时从设计角度考虑应采用的方法和措施等，请施工主管技术人员介绍在施工过程中采用了哪些非常用材料和设备（装置）、采用了哪些非常规做法、哪些地方或设备（装置）容易出问题、哪些地方或设备（装置）应在运行管理中多加注意和防范等。

通过了解上述情况，可以把由于设计或施工造成的、可能影响运行管理质量的问题及早解决。同时也可以检查现有的管理队伍能否胜任中央空调系统的全面管理工作，发现缺少什么知识或技能，也可以尽早采取各种措施及时补上。

**4. 管理人员提前介入**

通常在规划设计时虽然考虑了房屋和配套设施两个重要组成部分，但由于种种原因，设计总是落后于技术的发展和人们生活水平提高而产生的要求。另外，设计人员往往从技术角度考虑问题较多，对管理的问题考虑较少，甚至忽视了管理问题。因此，对中央空调系统运行管理人员来说，早期介入主要是在设计过程中就从管理的角度看设计方案是否合理，日后使用与维护保养是否便利，在施工过程中也要从管理的角度看施工质量是否符合有关标准、规范规定，是否为日后使用与维护保养创造了条件等。

## 二、人员及运行管理制度

制度是贯彻管理方针、完成管理计划、达到管理目标的重要保证。管理制度的完善与否，直接影响到管理质量和效益，没有完善的管理制度是很难做好管理工作的，更谈不上使管理工作达到专业化要求。因此，中央空调系统运行管理要能真正起到应起的作用并产生效益，就必须有一套规章制度来做保证。否则，即使中央空调系统再好、设备再先进，也难以保证长期、稳定地发挥出应有的效能。此外，进行科学规范管理的基础也必须有一套行之有效的规章制度，否则就谈不上科学规范管理。

### （一）人员的管理制度

各级各类人员的岗位职责是构成中央空调系统运行管理岗位责任制的主体，在确定各级各类人员的岗位职责时，一定要结合空调系统的规模和特点以及定员定岗情况来综合考虑，要按岗位的层次和工种类别来分解各项任务，注意避免出现职能不清、责任不明的情况。

有些物业管理企业所管的中央空调系统规模较小，人员配置较少，故不设空调班（组）长（领班），有关工作全部由空调工程师（主管）承担。还有些物业管理企业将运行和检修两者合为一体，即运行人员也是维修人员。这样不仅节省了人力，工作量饱满，而且运行、维护、检修工作都要做，使相关人员既加深了对设备的了解，又有助于增强其责任心，努力提高自己的技术水平。因此，岗位设置情况决定了岗位职能与责任的不同。

**1. 空调工程师（主管）的岗位职责**

1）全面负责空调专业方面的各项工作。

2）制定与本专业有关的各项规章制度并监督检查执行情况，发现问题，及时提出改进措施，并督促改进工作。

3）拟订本专业的工作计划。

4）经常深入现场，了解和指导中央空调系统的运行操作和维护保养工作。

5）对中央空调系统发生的问题和出现的故障及时进行诊断，并组织力量解决和排除。

6）制订检修计划及所需材料和零部件计划，经批准后负责实施。

7）组织和指导本专业各类工人的业务学习、技术培训及安全教育工作，并负责其考核。

8）掌握本专业的发展动态，注意新技术、新装置的引进与应用。

9）提出本专业技术改造方案（画出图样、做出预算）或设备更新方案，并组织实施。

10）听取各方面的合理化建议，吸收消化有关的先进经验，组织开展技术革新。

11）注重修旧利废和综合利用，搞好能源管理，降低水、电、汽、气的耗用量。

**2. 空调班（组）长岗位职责**

1）协助空调工程师做好各项具体工作，确保工程部下达任务的顺利完成。

2）负责带领全班（组）对空调/供暖设备进行日常的运行、维修和保养工作。

3）负责巡视、审查、保管各种记录表，保证数据准确、资料齐全，管理班（组）的技术资料。

4）严格要求，大胆管理，以身作则，督促全班（组）成员认真执行和严格遵守各项规章制度。

5）负责班（组）的考勤和公用工具、仪器仪表、小型检修设备（装置）的管理工作。

6）具体落实修旧利废、节约能源、降低费用的工作。

**3. 空调运行人员的岗位职责**

1）严格按有关规程要求开停和调节中央空调系统的各种设备，并做好相应的运行记录。

2）根据室外气象条件和用户负荷情况，精心操作，及时调节，保证中央空调系统安全、经济、正常地运行。

3）按规定认真做好系统和设备的巡回检查和维护保养工作，使其始终处于良好状态并按要求做好备案记录。

4）遵守机房的管理制度，保持安全文明生产的良好环境。

5）严格遵守劳动纪律和值班守则，坚守岗位，上班时间不做与工作内容无关的事情。

6）值班时发现空调系统或设备出现异常情况要及时处理，处理不了的要及时报告班（组）长（领班）或空调工程师（主管），如果会危及人身或设备安全，则首先采取停机等紧急措施。

7）努力学习专业知识，刻苦钻研操作技能，熟悉设备结构、性能及系统情况，注意总结实际经验，不断提高运行操作水平。

8）尊重领导，服从调动和工作安排，完成上级主管交代的其他临时性工作。

**4. 空调维修人员的岗位职责**

1）定期对中央空调系统和设备进行巡回检查，发现问题及时处理。

2）严格按照有关规程的要求进行计划检修和处理日常故障，力求使所修设备尽快恢复原有功能，并确保检修工作的质量和安全。

3）认真详细地做好维修记录。

4）爱惜检修工具、设备、仪器仪表，不浪费检修消耗性物料。

5）承担本专业更新改造项目的主要施工工作。

6）严格遵守劳动纪律，坚守岗位，上班时间不做与工作内容无关的事情。

7）努力学习理论知识，刻苦钻研维修技能，熟悉设备结构、性能及系统情况，注意总结实际经验，不断提高维修水平。

8）尊重领导，服从调度和工作安排，完成上级主管交代的其他临时性工作。

**（二）运行管理制度**

当中央空调系统正常运行时，必须由专职人员操作、管理。操作程序必须科学、规范，管理制度必须严谨，执行必须严格，责任必须明确且落实到人。值班时有值班守则，每班都有值班记录，设备运行要有运行记录，维修要有维修记录。通过相关记录可以了解设备历年来的运行状况，并根据设备运行状况制订维修计划。

**1. 中央空调系统运行值班守则**

1）开机前要察看上一班运行记录与工作记录，要对有关设备、仪表、阀门等进行认真检查，做好运行前的准备工作，确认无异常情况、准备工作就绪后方可开机。

2）开机操作要严格按照有关操作规程，认真、正确地进行操作，并通过听、看等手段巡视、检查设备运行情况。

3）值班人员应不断检查安全防护设施和设备运转情况，发现问题，立即处理，以保证安全生产。

4）值班中要根据当天室外环境温度和室内负荷变化，及时调整冷水机组及有关设备，使其处于安全、经济状态下运行。

5）认真做好每2h一次的运行记录，要求读数准确，填写清楚。表1-2为中央空调值班记录表。

6）按照巡查制度要求，定期对所属设备进行巡回检查，如发现事故隐患应及时采取措施进行排除。

7）禁止无关人员进入机房，来人参观必须有主管部门人员的陪同，并做好相关记录。

8）搞好环境卫生，保持机组、地面的整洁。

9）值班人员自觉遵守交接班制度，准时交接班，认真完成作业计划，不做与值班无关的事。

表1-2　中央空调值班记录表

| 交班人： | 接班人： | 时间：　年　月　日　时　分 |
|---|---|---|

| 值班记录：<br>（本栏不够填写时可记录在本页反面） | 空调给排水系统运行与设备设施巡回检查情况概述： |
|---|---|
| | 交接班重点内容及提示： |
| | 通知事项： |
| 空调温度夏季测试时间记录：<br>空调设备设施巡回检查时间记录：<br>给排水设备设施运行与巡回检查时间记录： | 领班阅示：<br>（签字）：<br><br><br>　　　年　　月　　日　　时　　分 |
| 值班室资料物品（钥匙、工具、材料等）交接记录： | 主管阅示：<br>（签字）：<br><br><br>　　　年　　月　　日　　时　　分 |

**2. 中央空调系统或设备的操作规程**

操作规程是指系统或设备从静止状态进入运行状态，或从运行状态恢复到静止状态的过程中应遵守的规定和操作顺序。这些规定和操作顺序对于由众多设备和管道组成的中央空调系统和某些设备（如冷水机组、锅炉）来说尤其重要，稍有不慎就会对中央空调系统或设备造成伤害，甚至造成灾难性事故。为了使中央空调系统或设备的开停过程安全、正常地进行，应掌握中央空调系统或设备的操作规程。

（1）制冷机房值班人员操作规程

1）值班人员必须熟练掌握机房内各种空调设备的原理和性能，并能进行熟练的操作和一般的维护保养工作。同时还要有一定的电工基础知识和常规安全知识。

2）空调管网系统。

冬季：将空调热媒水系统各个阀门（包括外接热力管网）打开并注满水。另外夏季用的制冷机、冷却塔、电子水处理器、冷却水泵的电源应全部切断，管网内的水要全部排净（主要是指冷却水管网及其补水管），以防室外管道冻坏。

夏季：关闭热媒水系统（包括外接热力管网）后切换到每个冷却水管网系统，并接通夏季空调用电设备的电源，同时将冷媒水、冷却水管网系统注满水，做好开机准备。另外，膨胀水箱（即定压罐）补水系统，冬、夏季均需运行，一般将水泵电源控制设定在自动档位即可。

3）制冷机的开启和运行应严格按照设备生产厂家的要求进行。另外，在机组开启前应先仔细检查各水系统的压力表读数是否达到管网系统饱和要求（一般静压为 0.3 ~ 0.4MPa），水泵叶轮旋转是否自如（用手盘动即可），电源电压是否符合设备要求（一般为 380 ~ 400V）。

4）每年季节交替空调停止使用时，应对机房内的各运行设备进行检查和保养，若管网内的水较脏，应排净后再补进洁净的水。

5）做好机房运行记录，尤其是夏季制冷机运行时，一般要求每间隔 2h 做一次检查记录。

6）做好机房内的安全保护工作：通风良好、地面清洁，设备上的灰尘及时清除，非机房人员无事不得随意进入。另外，值班人员还应认真做好交接班的工作，及时发现问题并及时处理。

（2）夏季制冷循环操作规程

1）冷水机组的开、停机顺序。要保证空调主机起动后能正常运行，必须保证：冷凝器散热良好，否则会因冷凝温度及对应的冷凝压力过高，使冷水机组高压保护器件动作而停车，甚至导致故障。蒸发器中冷水应循环流动，否则会因冷水温度偏低，导致冷水温度保护器件动作而停车，或因蒸发温度及对应的蒸发压力过低，使冷水机组的低压保护器件动作而停车，甚至导致蒸发器中冷水结冰而损坏设备。因此，冷水机组的开机顺序（必须严格遵守）为：冷却塔风机开—冷却水泵开—冷水泵开—冷水机组开。冷水机组的停机顺序（必须严格遵守）为：冷水机组停—冷却塔风机停—冷却水泵停—冷水泵停。注意：停机时，冷水机组应在下班前 0.5h 关停，冷水泵下班后再关停，有利于节省能源，同时避免故障停机，以保护机组。运行制冷循环前，应确认制热循环管道阀门已全部关闭。

2）冷水机组的操作。

①开机前的准备工作。

a. 确认机组和控制器的电源已接通。

b. 确认冷却塔风机、冷却水泵、冷水泵均已开启。

c. 确认末端风机盘管机组均已通电开启。

②起动。

a. 按下键盘上的状态键，然后将键盘下面的机组开/关（ON/OFF）拨动开关切换到接通（ON）的位置。

b. 机组将进行一次自检，几秒钟后，一台压缩机起动，待负荷增加后另一台压缩机起动。

c. 一旦机组起动，所有的操作均自动完成。机组根据冷负荷（冷冻水供回水温度）的变化自动启停。

③正常运行。

a. 机组正常运行，控制器将监控油压、电动机电流和系统的其他参数，一旦出现任何问题，控制系统将自动采取相应的措施，保护机组，并将故障信息显示在机组屏幕上（详情请参阅安装、操作和维护手册）。

b. 在每24h的运行周期内，应有专人以固定的时间间隔永久性记录机组运行工况。

④停机。

a. 只要将键盘下面的机组ON/OFF拨动开关切换到断开的位置，就可以使机组停机。

b. 为了防止出现破坏，即使在机组停机时，也不要切断机组的电源。

3）风机、水泵的操作。

①冷却塔风机、冷却水泵、冷水泵均为独立控制，开机前应确认电源正常，无反相，无缺相。

②水泵开启前应确认管路中的阀门均已打开。

③风机、水泵必须按顺序启停（手动操作各空气开关）。

（3）冬季制热循环操作规程

1）确认冷水机组管道阀门均已关闭，冷却塔风机和冷却水泵已断电，阀门均已关闭。

2）确认城市热网进回水管道总阀门已打开。

3）确认末端供热系统管道阀门已打开。

4）检查热水循环泵电源是否正常，阀门是否打开，开启热水循环泵。

5）打开板式换热器两侧进回水管道阀门。

6）停止供暖时，断开热水循环泵电源，关闭热网进回水管道总阀门即可。

（4）组合式空调机组操作规程

1）开机前检查配电箱电源是否正常，变频器设定得是否正常；检查冷、热水管道是否畅通，管道和阀门有无泄漏；检查全部风阀状态是否正确；检查风机传动带是否完好无损。

2）按下空调机主风机起动按钮，指示灯亮，机组开始运行，将风机频率调整到所需要的频率，最大为50Hz。

3）根据环境、季节的变化通过调节新风口风阀开启的大小，来调节受控区域的温湿度。夏季增加新风量使室内温湿度升高，冬季增加新风量使室内温湿度降低。冬季室外温度低至0℃以下或过低时，根据室内所需要的温湿度来调节新风阀的开启大小及关闭新风阀。

4）操作人员每2h记录一次组合式空调机组相关数据。并注意观察电流、电压是否正常；机组运行过程中注意电动机和轴承的异常声音和过热。

5）电动二通阀通过室内设定温度自动开启并调节其开启的大小，室内设定温度夏季一般为24～28℃，冬季为18～22℃。具体以实际需要温度为准。

（5）新风机组操作规程

1）开机前检查配电箱电源是否正常，检查冷、热水管道是否畅通，管道和阀门有无泄漏；检查全部风阀状态是否正确是否完好无损。

2）按下空调机主风机起动按钮，指示灯亮，机组开始运行。

3）根据环境、季节的变化来设定二通阀开启的大小，以达到节能要求。

4）冬季风机盘管应常开，保证二通阀开启，防止风机盘管冻裂。

5）根据室内温度来开启风机盘管。风机盘管风速根据需要来调节高档、中档、低档。

（6）风机盘管操作规程

1）开机前检查配电箱电源是否正常，检查冷、热水管道是否畅通，管道和阀门有无泄漏。

2）按下风机盘管起动按钮，机组开始运行。

3）根据环境、季节的变化通过调节新风口风阀开启的大小，来调节受控区域的温湿度。夏季增加新风量使室内温湿度升高，冬季增加新风量使室内温湿度降低。冬季室外温度低于0℃或过低时，根据室内所需要的温湿度来调节新风阀的开启大小及关闭新风阀。

4）操作人员每2h记录一次新风机组相关数据，并注意观察电流、电压是否正常；机组运行中注意电动机和轴承的异常声音和过热。

（7）维护保养规程

1）检查人员进入风机段，要有人监护；只有当人员离开风机段，门关闭后，方可起动风机。

2）每月检查风机和电动机轴承，并加润滑油。每月清扫接水盘。

3）定期检查风机与电动机传动带是否在一条直线上，风机动平衡是否良好。

4）检查组合式空调机组过滤器的终阻力值，初效过滤器终阻力达到30Pa时应进行清洗或更换。中效过滤器终阻力达到50Pa时进行清洗或更换。

5）每年用压缩空气清洁吹刷换热器片上的积灰；对换热器水管内部可用较高速度的水流或压缩空气进行吹刷，压力不超过0.3MPa。

6）每运行2～3年要用化学方法清洗换热器水管内部，以去除水垢；并定期清除冷凝水封杂质；要经常检查电气线路，各种保护装置和接地是否正常。

7）冬季要有防冻措施，如冬季停用要将冷冻水排尽。

8）组合式空调混合段过滤器每年清洗两次。每两年需更换或终阻力大于30Pa时应清洗或更换初效过滤器。

9）初效过滤袋清洗、更换、检测均应做详细记录。

**3. 运行记录**

为了使运行工作不仅制度落实，而且工作落实，便于督促、检查，也为了原始资料的积累，便于以后总结参考，中央空调系统的各主要设备都应有必要的运行记录。运行记录是在中央空调系统投入运行后形成并不断积累起来的，它概括了设备运行状态下的基本技术参数，这些数据是发现设备隐患、分析故障原因和部位、排除故障及制订设备维护保养计划的重要依据。通过了解这些记录，操作人员可以全面掌握系统和设备的运行情况、使用情况，一方面可以防止因为情况不明、盲目使用而发生问题；另一方面还可以从这些记录中找出一些规律性的东西，经过总结、提炼后用于工作实际中，使操作水平不断提高。

常见的记录表格形式见表1-3 ~ 表1-6。

### 表1-3 多机头活塞式冷水机组运行记录表

机组编号

开机时间： 　　　　　　　　　　　　　　　停机时间：

| 记录时间 | 蒸发器 | | | | | | 冷凝器 | | | | | | 压缩机 | | | 压缩机电动机 | | | | | | | 运行机头数或编号 | 记录人 |
|---|---|---|---|---|---|---|---|---|---|---|---|---|---|---|---|---|---|---|---|---|---|---|---|---|
| | 制冷剂 | | 水温/℃ | | 水压/MPa | | 制冷剂 | | 水温/℃ | | 水压/MPa | | 润滑油 | | | 电流/A | | | 电压/V | | | | | |
| | 压力/MPa | 温度/℃ | 进水 | 出水 | 进水 | 出水 | 压力/MPa | 水温/℃ | 进水 | 出水 | 进水 | 出水 | 油位/cm | 油温/℃ | 油压/MPa | A相 | B相 | C相 | AB | BC | CA | | | |
| | | | | | | | | | | | | | | | | | | | | | | | | |
| | | | | | | | | | | | | | | | | | | | | | | | | |
| | | | | | | | | | | | | | | | | | | | | | | | | |
| | | | | | | | | | | | | | | | | | | | | | | | | |
| 备注 | | | | | | | | | | | | | | | | | | | | | | | | |

### 表1-4 离心式冷水机组运行记录表

机组编号：

开机时间： 　　　　　　　　　　　　　　　停机时间：

| 记录时间 | 蒸发器 | | | | | | 冷凝器 | | | | | | 压缩机 | | | 导叶开度(%) | 轴承温度/℃ | 压缩机电动机 | | | | | | | 记录人 |
|---|---|---|---|---|---|---|---|---|---|---|---|---|---|---|---|---|---|---|---|---|---|---|---|---|---|
| | 制冷剂 | | 水温/℃ | | 水压/MPa | | 制冷剂 | | 水温/℃ | | 水压/MPa | | 润滑油 | | | | | 电流/A | | | | | 电压/V | | |
| | 压力/MPa | 温度/℃ | 进水 | 出水 | 进水 | 出水 | 压力/MPa | 水温/℃ | 进水 | 出水 | 进水 | 出水 | 油位/cm | 油温/℃ | 油压/MPa | | | A相 | B相 | C相 | 百分比(%) | AB | BC | CA | |
| | | | | | | | | | | | | | | | | | | | | | | | | | |
| | | | | | | | | | | | | | | | | | | | | | | | | | |
| | | | | | | | | | | | | | | | | | | | | | | | | | |
| | | | | | | | | | | | | | | | | | | | | | | | | | |

**表 1-5　螺杆式冷水机组运行记录表**

机组编号：

开机时间：　　　　　　　　　　　　　　　停机时间：

| 记录时间 | 蒸发器 | | | | | | 冷凝器 | | | | | | 压缩机 | | | | 压缩机电动机 | | | | | | 记录人 |
|---|---|---|---|---|---|---|---|---|---|---|---|---|---|---|---|---|---|---|---|---|---|---|---|
| | 制冷剂 | | 水温/℃ | | 水压/MPa | | 制冷剂 | | 水温/℃ | | 水压/MPa | | 润滑油 | | | 滑润位置 | 电流/A | | | 电压/V | | | |
| | 压力/MPa | 温度/℃ | 进水 | 出水 | 进水 | 出水 | 压力/MPa | 水温/℃ | 进水 | 出水 | 进水 | 出水 | 油位/cm | 油温/℃ | 油压/MPa | | A相 | B相 | C相 | AB | BC | CA | |
| | | | | | | | | | | | | | | | | | | | | | | | |
| | | | | | | | | | | | | | | | | | | | | | | | |
| | | | | | | | | | | | | | | | | | | | | | | | |
| | | | | | | | | | | | | | | | | | | | | | | | |
| | | | | | | | | | | | | | | | | | | | | | | | |
| 备注 | | | | | | | | | | | | | | | | | | | | | | | |

**表 1-6　蒸汽双效溴化锂吸收式制冷机运行记录**

机组编号：

开机时间：　　　　　　　　停机时间：　　　　　　日期：20　　年　　月　　日

| 部件 | 参数 | | 8时 | 9时 | 10时 | 11时 | 12时 | 13时 | 14时 | 15时 | 16时 | 17时 |
|---|---|---|---|---|---|---|---|---|---|---|---|---|
| 高压发生器 | 加热蒸汽 | 压力/MPa | | | | | | | | | | |
| | | 温度/℃ | | | | | | | | | | |
| | | 流量/(kg/h) | | | | | | | | | | |
| 蒸发器 | 蒸发温度/℃ | | | | | | | | | | | |
| | 冷媒水 | 进水温度/℃ | | | | | | | | | | |
| | | 出水温度/℃ | | | | | | | | | | |
| | | 流量/(kg/h) | | | | | | | | | | |
| 低于发生器 | 冷剂加热蒸汽温度/℃ | | | | | | | | | | | |
| | 冷剂蒸汽凝水温度/℃ | | | | | | | | | | | |
| | 稀溶液进口温度/℃ | | | | | | | | | | | |
| | 浓溶液出口温度/℃ | | | | | | | | | | | |
| 冷凝器 | 冷凝温度/℃ | | | | | | | | | | | |
| | 冷却水 | 进水温度/℃ | | | | | | | | | | |
| | | 出水温度/℃ | | | | | | | | | | |
| | | 流量/(kg/h) | | | | | | | | | | |
| 吸收器 | 喷淋溶液温度/℃ | | | | | | | | | | | |
| | 冷却水 | 进水温度/℃ | | | | | | | | | | |
| | | 出水温度/℃ | | | | | | | | | | |
| | | 流量/(kg/h) | | | | | | | | | | |

（续）

| 部件 | | 参数 | 8时 | 9时 | 10时 | 11时 | 12时 | 13时 | 14时 | 15时 | 16时 | 17时 |
|---|---|---|---|---|---|---|---|---|---|---|---|---|
| 高温热交换器 | 浓溶液 | 进口温度/℃ | | | | | | | | | | |
| | | 出口温度/℃ | | | | | | | | | | |
| | 稀溶液 | 进口温度/℃ | | | | | | | | | | |
| | | 出口温度/℃ | | | | | | | | | | |
| 低温热交换器 | 浓溶液 | 进口温度/℃ | | | | | | | | | | |
| | | 出口温度/℃ | | | | | | | | | | |
| | 稀溶液 | 进口温度/℃ | | | | | | | | | | |
| | | 出口温度/℃ | | | | | | | | | | |
| 凝水回热器 | 凝水 | 进水温度/℃ | | | | | | | | | | |
| | | 出水温度/℃ | | | | | | | | | | |
| | 稀溶液 | 进水温度/℃ | | | | | | | | | | |
| | | 出水温度/℃ | | | | | | | | | | |
| 屏蔽泵 | 发生器泵 | 电流/A | | | | | | | | | | |
| | 吸收器泵 | | | | | | | | | | | |
| | 蒸发器泵 | | | | | | | | | | | |
| 记录人 | | | | | | | | | | | | |
| 备注 | | | | | | | | | | | | |

上述各机组运行记录表格均是按记录一台机组运行数据单独编制的，当实际运行机组多于一台时，也可以参照相应表格形式将数台机组运行参数按机组编号排序，全部记录在一张大记录表上。

为了便于记录、对比数据和保存记录表，通常将空调水系统的冷冻水泵和冷却水泵以及冷却塔的有关运行数据与机组的运行数据记录在同一张运行记录表上，见表1-7。显然，这种综合性的表格只是各相对独立的设备运行记录表的有机组合。

表1-7 中央空调系统水泵、冷却塔运行记录表

日期：20　年　月　日

| 记录时间 | 冷冻水泵 | | | | | | | | | 冷却水泵 | | | | | | | | | 冷却器 | | | | | | |
|---|---|---|---|---|---|---|---|---|---|---|---|---|---|---|---|---|---|---|---|---|---|---|---|---|---|
| | 1号 | | | | | | | | | 1号 | | | | | | | | | 1号 | | | | | | |
| | 压力/MPa | | 电流/A | | | 电压/V | | | | 压力/MPa | | 电流/A | | | 电压/V | | | | 电流/A | | | 电压/V | | | |
| | 进水 | 出水 | A相 | B相 | C相 | AB | BC | CA | 进水 | 出水 | A相 | B相 | C相 | AB | BC | CA | A相 | B相 | C相 | AB | BC | CA |
| | | | | | | | | | | | | | | | | | | | | | | |
| | | | | | | | | | | | | | | | | | | | | | | |
| | | | | | | | | | | | | | | | | | | | | | | |
| | | | | | | | | | | | | | | | | | | | | | | |
| 备注 | | | | | | | | | | | | | | | | | | | | | | |

此外，在各设备运行记录表中设置"备注"一栏是为了记录设备运行期间发生的、需要备案的一些情况，如发现异常情况的现象与时间、出现故障的部位（件）及时间、采取的措施和排除情况等。

**4. 交接班制度**

当中央空调系统按用户的使用要求需要连续运行 8h 以上时，空调运行人员就相应地需要多人多班轮换上岗值班。通常上一班运行的情况往往会影响到下一班的运行质量，因此做好交接班工作就显得十分重要。为了在换人不停机的情况下，能把上一班和下一班的工作衔接好，不出现纰漏、扯皮和推诿现象，使责任分明，必须有一个相关的制度来保证，其基本内容应规定怎样交接班及什么情况下不能交接班等。交接班制度如下：

1）交接班工作应在下一班正式上班时间前 10～15min 内进行。

2）按职责范围，交接双方共同巡视、检查主要设备，核对交班前的最后一次记录数据。

3）交接班双方要在交接班记录表（表1-8）上签字，接班人员有不同意见可当场写明，未对交班人员申明而在本班发生（现）的问题，由接班人员负责。

4）交接班时间以前发生的问题或故障未处理完不能交接班，并由交班人员负责继续处理，接班人员配合，处理完后方可进行交接班。

5）交接班过程中如发现问题或故障，双方应共同处理，待处理完后再办理交接班手续。

6）对交班人员的要求：

① 做好交班准备工作，认真填写交接班记录表上的"本班运行情况及特别留言"。

② 要向接班人员简要介绍本班运行情况、应注意的问题和需要继续进行的工作，并须明确回答接班人员提出的问题，办完交接检查并在交接班记录表上签字后，方可下班。

③ 接班人员未到之前不能离岗，并要及时向主管领导报告。

④ 发现接班人员有醉酒现象或其他神志不清的表现不能交班，并立即报告主管领导，听候处理意见。

7）对接班人员的要求：

① 上班前不能饮酒，要在规定的接班时间前到达接班地点。

② 因故不能上班或要迟到，应提前请假或通知交班人员。

③ 要认真听取交班人员的情况介绍，进行交接检查，在交接班记录表（表1-8）上签字后即开始上班。

④ 发现交班人员未认真完成有关工作或在交接检查中发现问题，应向交班人员提出询问，如交班人员不能给予明确回答或可能造成不良后果，接班人员可拒绝接班，并立即报告主管领导处理。

**5. 机房管理制度**

机房是指安装运行设备的专用房间。中央空调系统的机房一般有制冷机房、空调机房、新风机房、二次泵房、锅炉房等，多数为单独设置的专用机房。在一些超高层建筑中，也有将中央空调系统的一些设备直接安放在设备层里与其他系统的机电设备混合布置的情况。为了保证设备的运行安全，使其有一个良好的工作环境，不致受到非操作、检修人员的触动而停机或损坏设备，也避免非专业人员无意中受到伤害，同时又要保证设备有一个良好的工作环境，制定相应的制度来给予保证是非常重要的。该制度的内容应包括机房的进入、设备的操作、环境的要求等内容，具体条文如下：

1）非工作人员进入机房须经工程部经理批准，并由机房管理人员或运行值班人员陪同。

2）机房内的设备由运行值班人员负责操作，其他人员不得擅自操作。

3）不得擅自更改机房内的各种设备、管道、线路，如需改动，必须报请工程部审批。

4）保持机房干净、整洁、无积尘，通风、照明良好，门窗开启灵活，消防设施完备。

5）机房内不准堆放易燃易爆品和杂物，不准吸烟。

表 1-8　交接班记录表

| 班次 | 20　年　月　日　时~20　年　月　日　时 | 交班人 | |
|---|---|---|---|
| 交班时间 | 20　年　月　日　时 | 接班人 | |

交班人：本班运行情况及特别留言



接班人：接班记事

### 6. 中央空调系统运行管理中异常情况的处理

（1）中央空调发生制冷剂泄漏　发现这种情况，值班人员应立即关停中央空调主机，并关闭相关的阀门，打开机房的门窗或通风设施加强现场通风，立即告知值班主管，请求支援，救护人员进入现场应身穿防毒衣，头戴防毒面具。对不同程度的中毒者采取不同的处理方法：对于中毒较轻者，如出现头痛、呕吐、脉搏加快者应立即转移到通风良好的地方；对于中毒严重者，应进行人工呼吸或送医院；若氟利昂溅入眼睛，应用质量分数为2%的硼酸加消毒食盐水反复清洗眼睛。寻找泄漏部位，排除泄漏源，起动中央空调试运行，确认不再泄漏后机组方可运行。

（2）中央空调机房内发生水浸时的处理　当中央空调机房值班员发现这种情况时，应按程序首先关掉中央空调机组，拉下总电源开关，然后查找漏水源并堵住漏水源。如果漏水比较严重，在尽力阻滞漏水时，应立即通知工程部主管和管理组，请求支援。漏水源堵住后应立即排水。当水排除完毕后，应对所有湿水设备进行除湿处理，可以采用干布擦拭、热风吹干、自然通风或更换相关的管线等办法。然后确定湿水已消除、绝缘电阻符合要求后，开机试运行。没有异常情况可以投入正常运行。

（3）发生火灾　发生火灾时，应同水泵房的处理一样，按《火警、火灾应急处理标准作业规程》操作。

### 7. 经济节能运行措施

中央空调系统的维持费用是比较高的，其中一项主要的费用开支是运行时的能耗费。要减少这方面的开支，除了全面抓好各项管理工作外，重点是在保证中央空调系统安全正常工作的前提下，尽量减少系统的冷热损失，提高各设备的工作效率，降低电、水、气、油及制冷剂的消耗，使系统能够经济地运行，使能耗费降到最低。为此，要根据系统与设备的类型、特点，结合用户的空调要求与控制标准、建筑形式与外围护结构的特征、当地室外气象条件等，制订出切实可行、经济节能的运行管理措施。具体内容如下：

1）注意室内负荷和室外天气的变化情况，及时调节供冷（供热）量。

2）加强系统的堵漏和保温工作，杜绝跑、冒、滴、漏，维护好管道的保温层，减少热损失。

3）尽可能使设备在较高效率范围内工作。

4）合理搭配运行的多台同类设备，使其总容量与所需提供的冷（热）量、水量、风量、压力相匹配。

5）优先采用调速方式，使设备的输出能力可随冷热量、水量、风量、阻力的变化而变化。

6）对全空气系统，采用全年不固定的室温设定值适时调控，夏季尽量偏高，冬季尽量偏低。

7）全空气系统的新风使用量，在夏、冬季要维持在设计或规定要求的最低值；在春、秋季则要根据室内外情况尽可能多地使用，甚至全部使用。

8）当中央空调系统为间歇运行方式时，要结合天气、室内负荷、建筑的外围护结构等情况选定合适的开停机时间。

9）对于一塔多风机配置的矩形冷却塔，要根据室外气象条件决定投入运转的风机数，在保证冷却水回水温度满足冷水机组正常运行的前提下，尽量不开或少开风机。

10）确保自控系统的良好工作状态，发挥其快速、及时的调控作用。

11）做好水处理工作，严防腐蚀发生、水垢生成以及微生物的生长和繁殖。

## 【单元小结】

中央空调系统运行管理的工作内容主要是运行操作、维护保养、故障处理和技术资料管理。其重要性体现在满足室内空气环境要求、降低运行成本及延长使用寿命。同时，这也是中央空调系统运行管理要达到的基本目标。影响中央空调系统运行管理目标实现的因素很多，其中系统设计、设备制造、施工安装、运行维护、检修改造、管理制度和管理人员的质量至关重要。要做好中央空调系统的运行管理工作，在认识其科学内涵的基础上，还要有一支高素质的管理队伍和一套行之有效的专业管理制度，两者缺一不可。

## 思 考 与 练 习

1. 中央空调系统运行管理工作的意义是什么？
2. 中央空调系统运行管理工作的基本目标是什么？
3. 影响中央空调系统运行管理目标实现的主要因素有哪些？
4. 做好中央空调系统运行管理工作应具备哪些基本条件？
5. 中央空调系统运行管理工作主要有哪些内容？

6. 对中央空调系统运行管理工作的基本要求是什么？

7. 说明各级专业岗位职责的主要区别。

8. 中央空调系统日常维护保养的工作内容主要是什么？

9. 检修记录的作用是什么？

10. 中央空调系统发生制冷剂泄漏该如何处理？

11. 怎样才能使中央空调系统经济节能地运行？

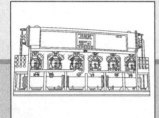

# 单元二
## 冷水机组
## 的运行管理与维护保养

【内容构架】

冷水机组的运行管理与维护保养
- 运行参数分析
- 运行管理
  - 活塞式冷水机组的运行管理
  - 离心式冷水机组的运行管理
  - 螺杆式冷水机组的运行管理
  - 溴化锂吸收式冷水机组的运行管理
- 维护保养
  - 压缩式冷水机组的维护保养
  - 溴化锂吸收式冷水机组的维护保养

【学习引导】

**目的与要求**
- ➡ 掌握冷水机组的运行参数。
- ➡ 掌握各冷水机组的运行管理与维护保养。
- ➡ 熟悉各冷水机组的常见故障及其解决方法。

**重点与难点**

重点：各冷水机组的运行管理。

难点：各冷水机组的常见故障及其解决方法。

空调用电力驱动的压缩式冷水机组，无论其压缩机形式为活塞式、离心式还是螺杆式，为满足空调工况的要求，均应具有相同的运行参数。弄清这些运行参数的特点及规律性，对于这类冷水机组的安全、经济和无故障运行都有重要意义。

## 一、压缩机的吸、排气温度

### 1. 压缩机的吸气温度

压缩机吸气腔中制冷剂气体的温度为吸气温度。吸气温度高时，压缩机的单位容积制冷量小，相反，压缩机吸气温度低时，其单位容积制冷量则大。但是，压缩机吸气温度过低，可能造成制冷剂液体被压缩机吸入，使活塞式压缩机发生"液击"。为了保证压缩机的正常运行，其吸气温度需要比蒸发温度高一些，即应具有一定的过热度。对于活塞式冷水机组，其吸气过热度一般为 5～10℃，如果采用干式蒸发器，则通过调节热力膨胀阀的调节螺杆来调节过热度的大小。此外，要注意压缩机吸气管道的长短和包扎的保温材料性能的好坏对过热度会有一定的影响。

### 2. 压缩机的排气温度

制冷剂经过压缩后到达压缩机排气腔时的高压过热蒸气温度为排气温度。排气温度要比冷凝温度高得多。排气温度还与制冷剂的种类和压缩比的高低有关，在空调工况下，由于压缩比不大，所以排气温度并不很高。当活塞式压缩机吸、排气阀片不严密或破碎引起泄漏（内泄漏）时，排气温度会明显上升。

## 二、冷凝温度与冷凝压力

冷凝温度是指在一定的压力下，制冷剂由气态转变为液态时的温度，冷凝温度对应的一定压力即为冷凝压力。冷凝温度的高低，主要取决于冷却介质的温度及流量、冷凝面积及冷凝器的形式等。降低冷凝温度，可以提高压缩机的制冷量，减少功率消耗，从而提高制冷系数，提高运行的经济性。但冷凝温度也不应该过低（尤其在冬天需特别予以注意），否则将会影响到制冷剂的循环量，反而使制冷量下降。冷凝温度过高不仅使制冷量下降，功率消耗增加，而且会使压缩机的排气温度增高，润滑油温度升高，黏度降低，影响润滑效果，甚至结炭，使气阀密封性能下降，直接影响到压缩机运行的可靠性和寿命。因此，在实际运行过程中，必须密切注意冷凝温度，必要时也应给予调整。水冷式机组的冷凝温度一般要高于冷却水出水温度 2～4℃，如果高于 4℃，则应检查冷凝器内的铜管是否结垢需要清洗；空冷式机组的冷凝温度一般要高出出风温度 4～8℃。

冷凝温度与冷凝压力之间也有一定的对应关系。因此冷凝温度的调节，同样可以通过调节冷凝压力来达到。在冷却介质（水或空气）的温度一定时，冷凝压力的调整，可通过改变冷却介质的流量和冷凝面积来达到。冷却介质流量增加，流速相应提高，可减小传热温差，从而降低冷凝温度；增大传热面积（可通过增加并联冷凝器的台数来实现）也可达到降低冷凝压力的目的。降低冷却介质的温度，冷凝压力可明显下降。冷凝压力的高低，可通过装在压缩机排气端的压力表上的指示值反映出来。

### 三、冷却水的温度与压力

中央空调冷却水是指带走冷凝器等散热设备热量的地面水、地下水、海水、自来水等。冷水机组在名义工况下运行，其冷凝器进水温度为 32℃，出水温度为 37℃，温差为 5℃。对于一台已经在运行的冷水机组，冷凝热负荷为定值，冷却水流量也为一定值，且与进出水温差成反比。冷却水流量通常用进出冷凝器的冷却水的压降来控制，在名义工况下，冷凝器进出水压降一般为 0.07MPa 左右，可采取调节冷却水泵出口阀门开度和冷凝器进、出水管阀门开度的方法调定压降。要注意的是：①冷凝器的出水应有足够的压力来克服冷却水管路中的阻力；②冷水机组在设计负荷下运行时，进、出冷凝器的冷却水温差为 5℃；③随意过量开大冷却水阀门，增大冷却水量降低冷凝压力，降低能耗的做法是行不通的。

为了降低冷水机组的功率消耗，可通过降低冷凝器的进水温度或加大冷却水量降低其冷凝温度。但是，进水温度受自然条件变化的影响和限制；加大冷却水流量虽然简单易行，但流量不是可以无限制加大的，要受到冷却水泵容量的限制。此外，过量加大冷却水流量，往往会引起冷却水泵功率消耗急剧上升，也得不到理想的结果。所以冷水机组冷却水量的选择，以名义工况下冷却水进、出冷凝器压降为 0.07MPa 为宜，R11 离心式冷水机组为防止喘振，压降为 0.06MPa。

### 四、蒸发温度与蒸发压力

蒸发温度是指蒸发器中制冷剂在一定压力下由液态变为气态时的温度，所对应的压力为蒸发压力，蒸发压力越低，蒸发温度也就越低。空调冷负荷大时，蒸发器冷冻水的回水温度升高，引起蒸发温度升高，对应的蒸发压力也升高。相反，当空调冷负荷减少时，冷冻水回水温度降低，其蒸发温度和蒸发压力均降低。一般情况下，蒸发温度常控制在 3～5℃ 的范围内，较冷冻水出水温度低 2～4℃。

### 五、冷媒水的温度与压力

中央空调冷媒水也即冷冻水，在蒸发器中由制冷剂吸收其热量降低温度，然后去冷却被冷却空间或系统的介质，也即载冷剂。空调用冷水机组一般规定：在名义工况下冷冻水进水温度为 12℃，出水温度为 7℃，温差为 5℃，进、出水压降为 0.05MPa。为了保证冷水机组的运行安全，出水温度一般都不低于 3℃。

### 课题二　活塞式冷水机组的运行管理

冷水机组是中央空调系统在进行供冷运行时采用最多的冷源，活塞式冷水机组是由一台或数台活塞式制冷压缩机、电动机、控制台、冷凝器、蒸发器及附件（干燥过滤器、储液器、电磁阀、节流装置）紧凑地组装在一起的整体式装置。图 2-1 所示为活塞式多机头冷水机组，图 2-2 所示为活塞式模块化冷水机组。活塞式冷水机组的机械状态和供冷能力直接影响到中央空调系统供冷运行的质量以及电耗和维修费用的开支，因此做好冷水机组运行管理的各项工作意义重大。

活塞式冷水机组的运行管理，包括运行前的检查与准备、机组及其水系统的起动与停机

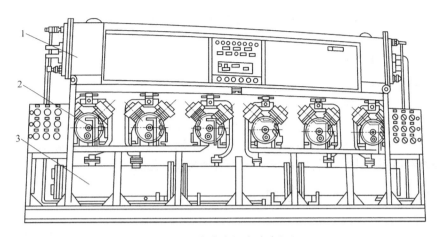

图2-1　活塞式多机头冷水机组

1—蒸发器　2—活塞式制冷压缩机　3—冷凝器

操作、运行调节、停机时的维护保养、常见问题和故障的早期发现与处理等工作内容。

## 一、开机前的检查与准备工作

**1. 查看运行记录**

了解制冷压缩机的情况，查看库温或冻结量，确定开机台数。

**2. 检查制冷压缩机**

1）检查压缩机四周有无杂物，安全护罩是否完好。

2）检查每台压缩机的油位和油温：油位在1/8～3/8；油温在40～50℃，手摸加热器必须发烫。

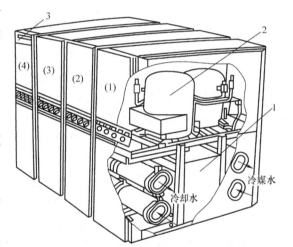

图2-2　活塞式模块化冷水机组

1—换热器　2—活塞式制冷压缩机　3—控制器

3）通过储液器的液面指示器观察制冷剂的液位是否正常，一般要求液面高度在视液镜的1/3～1/2处。

4）开启压缩机的排气阀及高压、低压系统中的有关阀门，但压缩机的吸气阀和储液器上的出液阀先暂不开启。

5）用手盘动联轴器数圈，检查有无异常。

6）对能手动调节能量的压缩机，应该将能量调节阀的控制手柄拨在"0"处，或放在最小档。

7）接通电源，检查电源电压和电流：电源电压在340～440V范围内；三相电压不平衡值小于2%（大于2%时绝对不能开机）；三相电流不平衡值小于10%。

8）开启冷却水泵（冷凝器冷却水、气缸冷却水、润滑油冷却水等）。对于风冷式机组，开启风机运转。

9）调整压缩机高压、低压继电器及温度控制器的设定值，使其指示值在所要求的范围内。压力继电器的压力设定值应该根据系统使用的制冷剂、运转情况和冷却方式而定,一般在使用 R12 为制冷剂时,高压设定范围为 1.3~1.5MPa;使用 R22、R717 为制冷剂时,高压设定范围为 1.5~1.7MPa。

**3. 检查系统情况**

1)检查系统阀门是否处在正常制冷状态。

2)检查各辅助设备,如空气处理设备或其他由冷水机组提供冷水的末端设备。

3)查看冷却、冷媒系统的调节阀门是否处于正确位置;给冷却塔充满水。

4)检查制冷系统中所有管路系统,确认制冷剂管道无泄漏。

## 二、冷水机组及其水系统的起动

在空调领域中,冷水机组大多采用的是水冷方式,在起动前先要完成两个水系统,即冷冻水系统和冷却水系统的起动,其起动顺序一般为空气处理装置→冷却塔及冷却水泵→冷冻水泵。两个水系统起动完成,水循环建立以后经再次检查,设备与管道等无异常情况后即可进入冷水机组(或称主机)的起动阶段,以此来保证冷水机组起动时,其部件不会因缺水而导致损坏。

应该注意的是,需要多台水泵、冷却塔或冷水机组同时运行时,在按上述顺序起动各设备的过程中,都应先起动一台,待运行平稳后(可通过观察运行电流值来判定),再起动下一台,尽量避免多台同时起动的方式(特别是采用遥控起动时尤其要注意),防止由于起动瞬间的起动电流过大,造成很大的线路电压降而使其起动困难,并影响到同一线路上其他电动设备的正常运行,甚至产生控制回路或主回路中熔断器烧断的现象。

1)接通主电源,在开机前,先对压缩机冷冻油进行预热,有的机组要求加热 4~6h,有的要求 12h,有的则要求 24h,这要按产品说明书要求进行。

2)对热泵型机组,要将"冷/暖"选择开关置于所需位置。

3)起动空气处理设备(如新风机、组合式空调机组等)的风机,然后起动冷冻水泵,并调节水泵出口阀开度和蒸发器的供、回水阀的开启度(在名义工况下运行,冷冻水供、回水温差以 5℃记为合适)。

4)待冷冻水泵起动 15s 后,起动冷却水泵,并调节冷却水泵出口阀开启度和冷凝器进、出水阀的开启度。

5)冷却水泵起动 15s 后再起动冷却塔风机。

6)起动制冷压缩机,使其投入运行。

7)对于热泵型机组,冬季第一次开机后,由于水温上升不是很快,有时会停机,这时可再起动限时开关,主机会再度运行,以达到所要求的热水出水温度。

## 三、机组及其水系统的运行

当冷水机组起动后,转入正常时,必须认真监视冷水机组的运行情况,应进行实时调节,在满足空调负荷变化需要的同时,还要保证冷水机组运行中始终处于安全、高效的状态。

**1. 运行调节**

活塞式冷水机组在运行中除进行运行参数调节外,还要注意压缩机的管理和监测。

1）在运行中检查压缩机的运转声音是否正常，若发现有不正常现象，则应查明原因，及时处理。

2）在运行过程中，如发现气缸有冲击声，则说明有液态制冷剂进入压缩机吸气腔，此时应将能量调节机构置于空档位置，并立即关闭吸气阀，待吸入口的霜层溶化后，使压缩机运行 5~10min，再缓慢打开吸气阀，调整至压缩机吸气腔无液体吸入而且吸气管底部有微微结霜状态，则可将吸气阀全部打开。

3）运行中应注意监测压缩机的排气温度和排气压力，对于制冷剂为 R12 或 R22 的制冷压缩机，其排气温度不超过 130℃ 或 145℃。

4）运行过程中，压缩机吸气温度一般应控制在比蒸发温度高 15℃。

5）压缩机在运转中各摩擦部件的温度应不超过 70℃，如果发现其温度急剧升高或局部过热，则应立即停机进行检查处理。

6）检查压缩机曲轴箱油位与油温是否正常，若有异常应及时处理。

7）压缩机运行中润滑油应及时补充。补充操作方法：当曲轴箱中的油位低于油位指示器的下限位置时，可采用手动回油方法，观察油位能否回到正常位置。若仍不能回到正常位置，则应补充润滑油。

8）制冷系统中空气的排除。制冷系统在运行过程中因各种原因使空气混入系统中，由于系统中混入了空气，将会导致压缩机的排气压力和排气温度升高，造成系统运行消耗能量增加，工作效率降低，有时甚至发生系统运行事故。因此，系统中存有空气时要及时排除。

制冷系统中混有空气后，往往表现出压缩机排气压力表的指针出现剧烈摆动，排气压力和排气温度都明显大于正常运行时的参数值。

氟利昂制冷系统的"排空"步骤如下：

1）关闭储液器出液阀（事先应将电气控制系统中的压力继电器短路，以防止压力继电器动作而导致压缩机不能运行），使压缩机继续运行，将系统中的制冷剂和空气都收集到冷凝器或储液器中（在此过程中，冷凝器冷却水继续运行，使气态制冷剂得到冷凝和液化）。当压缩机吸气压力值到 0（表压）时，压缩机停止运行。

2）在压缩机停机 1h 后，拧松压缩机排气截止阀的旁通孔螺塞，将排气截止阀调节至三通状态，使系统中的空气从旁通孔逸出，用手触摸放出的气体，如果感觉排出的气体较热即为空气；当排出的气体有点儿凉时，则说明排出的是制冷剂气体，此时应立即关闭排气阀截止旁通孔，拧紧螺塞，停止放空气。

3）起动运行压缩机，如果高压压力表的指针不再出现剧烈摆动，冷凝压力和冷凝温度处于正常值范围内，则系统中的空气已排出；如果高压压力表的指针仍然表现出剧烈摆动，则表示系统中还有空气存在，还应继续进行"排空"工作。

**2. 运行中的记录**

制冷压缩机组的运行监测与记录是设备技术档案的重要组成部分之一。通过这些记录，可以使运行和管理人员掌握系统和设备的运行情况和现状，一方面可以防止因为情况不明而盲目使用而发生问题；另一方面还可以从这些记录中找出一些规律性的东西，经过总结、提炼后，再用于工作实际中，使管理和操作水平不断提高。活塞式冷水机组的运行管理记录表样式见表 1-3。

**3. 正常运行标志**

1）吸气温度不宜超过 15℃；排气温度，对于 R12 制冷剂的压缩机不超过 130℃，对于 R22 制冷剂的压缩机不超过 145℃。

2）一般情况下的排气压力，对于 R12 制冷剂的压缩机，要达到 0.8 ~ 1.0MPa，最高不超过 1.6MPa；对于 R22 制冷剂的压缩机，要达到 1.0 ~ 1.4MPa，最高不超过 1.6MPa。

3）运行时其油压比吸气压力高 0.1 ~ 0.3MPa。

4）曲轴箱的油温一般保持在 40 ~ 60℃，最高不超过 70℃，最低不低于 5℃。

5）曲轴箱上若只有一个视油镜，油位不得低于视油镜的 1/2 处；若有两个视油镜，油位不超过上视油镜的 1/2 处，不低于下视油镜的 1/2 处。

6）油液分离器自动回油正常，浮球阀应自动开启和关闭，手摸回油管时，应有时热时温的感觉；在干燥过滤器前后的液体管道不应有明显温差，更不能出现结霜情况。

7）制冷机在正常运转时，应只有吸、排气阀片发出清晰而均匀的声音，且有节奏，气缸、曲轴箱和轴承等部位不应有异常的撞击声。

8）制冷压缩机的气缸壁不应有局部发热和结霜的现象，吸气管不应有结霜。

9）压缩机的电动机的运行电流应稳定，整机各部位的温度应没有很大的变化。

10）整个系统在运行中各部位不应该有油迹，否则意味着有泄漏，须停机检漏。

一般活塞式制冷压缩机在运行中的主要检测部位及其正常状态见表 2-1。

表 2-1 活塞式制冷压缩机在运行中的主要检测部位及其正常状态

| 设备名称 | 检测部位 | 检测内容 | 正常运转状态 |
|---|---|---|---|
| 制冷压缩机 | 吸气管 | 吸气压力 | 吸气压力 = 蒸发温度对应的饱和压力 − 吸气管压力 |
| | | 吸气温度 | 吸气温度 = 蒸发温度 + 过热度（过热度一般取 5 ~ 15℃） |
| | 排气管 | 排气压力 | 排气压力 = 冷凝温度对应的饱和压力 + 排气管压降 |
| | | 排气温度 | 与使用的制冷剂种类有关，一般不应超过 145℃ |
| | 油泵视油孔镜 | 油压 | 油压 ≈ 吸气压力 + （0.1 ~ 0.3）MPa |
| | | 油温 | 不得超过 70℃ |
| | | 油位 | 保持在视油孔的中心线左右 |
| | | 清洁度 | 透明，不浑浊 |
| | 气缸盖 | 温度 | 与使用的制冷剂种类有关，一般不应超过 120℃ |
| | | 声音 | 清晰、有节奏的跳动声，无撞击声 |
| | 轴承 | 轴承温度 | 在外部用手摸时感觉稍热，应低于 55℃ |
| 轴封 | 漏油 | 漏油 | 不得出现滴油现象 |
| 电动机 | 电源 | 电压 | 在额定电压 ±10% 之内 |
| | | 电流 | 低于额定电流 |

## 四、机组及其水系统的停机

冷水机组及其水系统在运行时，通常也需要根据不同情况人为地主动停止其运行，或自动停止运行，前者包括正常停机和紧急停机，后者包括正常停机、故障停机和安全保护停机。

到停用时间（如写字楼到统一下班时间、商场停止营业、剧场演出结束等）需要停机，或进行定期维护保养需要停机，或其他非故障性的人为主动停机，通常都是采用手动操作完成的，有自控功能的也可以在预先设定的情况下自动完成。冷冻水供水温度低于设定值和因故障或其他原因使某些参数（如蒸发温度和蒸发压力、冷凝温度和冷凝压力）超过保护性安全极限（值）而引起的安全保护停机则由冷水机组自动完成。

舒适性用途的中央空调系统由于受使用时间和气候的影响，其运行是间歇性的，当不需要继续使用，或要定期维护保养，或冷冻水供水温度低于设定值而停止冷水机组制冷运行时为正常停机。由于发生紧急情况而不能按正常停机程序操作而需要采取的非正常停机措施，为紧急停机。因冷水机组某部分出现故障而引起保护装置动作的停机为故障停机。

全自动化的冷水机组及其水系统，由自控系统来完成正常停机。手动控制的停机操作顺序则是其起动操作顺序的逆过程，停机顺序为冷水机组→冷却水泵→冷却塔→冷冻水泵→空调设备。

需要引起注意的是，压缩式冷水机组的压缩机与冷却水泵的停机间隔时间、应能保证进入冷凝器内的高温高压气体制冷剂全部冷凝为液体，且最好全部进入储液器；而压缩机与冷冻水泵的停机间隔时间，应能保证蒸发器内的液态制冷剂全部气化且变成过热气体，以防冻管事故发生。

**1. 正常停机**

1）关闭制冷系统的供液阀（即储液器出液阀）。

2）观察压缩机的低压表，待压力降到接近 0（表压）时关闭吸气阀，停压缩机，并关闭排气阀。如果由于停机时机掌握不当，而使停机后压缩机的低压压力低于 0 时，则应适当开启一下吸气阀，使低压压力表的压力上升至 0，以避免停机后由于曲轴箱密封不好而导致外界空气渗入。

3）在压缩机停机 10~30min 后，停止冷却水泵、冷却塔风机，使进入冷凝器中的制冷剂蒸气得到充分冷却而凝结。

4）待冷却水系统关闭后再停止冷冻水泵，使进入蒸发器中的液态制冷剂得到充分吸热蒸发，防止停机后蒸发器内残存的液态制冷剂蒸发而造成蒸发器内局部温度过低而出现冻裂现象。

5）若长期停机，应每周起动一次油泵，运行 100min 以使润滑油分布到机体内。

6）若冬季长期停机，应将系统中的水放掉，以防因环境温度较低而冻裂设备。

**2. 故障停机**

制冷机组遇到下列情况，应进行故障停机处理，按下关闭按钮（"OFF" 或 "O"），此时故障灯灭，采取相应的措施，排除故障。

1）排气压力、排气温度过高。

2）油压过低或升不上压。

3）油温过高，超过最高限值。

4）轴封处制冷剂泄漏现象严重。

5）润滑油太脏。

6）气缸中有敲击声。

7）压缩机运行中湿压缩现象严重。

8）能量调节机构动作失灵。

**3. 紧急停机**

冷水机组在正常运行中，如因外界其他原因而出现突然性的停电、停水或发生火灾等特殊情况，或发生故障机组不能自动停机，会对机组带来危害，应采取紧急措施，使机组在最短时间内停止运行。压缩式冷水机组的紧急停机一般分为以下五种情况：

（1）突然停电时的紧急停机　当突然停电时，首先应立即关闭供液阀（储液器或冷凝器的出口阀）或节流阀，停止向蒸发器供应液态制冷剂，以免机组下次起动时因蒸发器内液体过多而产生湿压缩；然后切断压缩机电动机的电源；最后按日常停机程序处理其他设备。

（2）冷却水突然断水时的紧急停机　当因某种原因造成通过冷凝器的冷却水突然供应中断时，首先应立即切断压缩机电动机的电源，停止压缩机的运转，以免高温高压状态的制冷剂蒸气得不到冷却，而致使管道或阀门发生爆裂；然后迅速关闭供液阀（储液器或冷凝器的出口阀）或节流阀；最后按正常停机程序处理其他设备。

（3）冷冻水突然断水时的紧急停机　当因某种原因造成通过蒸发器的冷冻水突然供应中断时，首先应立即关闭供液阀（储液器或冷凝器的出口阀）或节流阀，停止向蒸发器供应液态制冷剂，以免机组下次起动时因蒸发器内液体过多而产生湿压缩；然后切断压缩机电动机的电源，停止压缩机的运转；最后按正常停机程序处理其他设备。

（4）发生火灾时的紧急停机　当制冷机房内或机房外相邻处发生火灾，并危及冷水机组的安全时，应首先切断压缩机电动机的电源，停止压缩机的运转；然后迅速关闭供液阀（储液器或冷凝器的出口阀）或节流阀；最后按正常停机程序处理其他设备。

（5）故障机组不能自动停机时的紧急停机　当机组出现故障，或机组已报警且控制显示屏上有显示故障情况（或故障码）但机组未按要求自动停机时，应按发生火灾时的紧急停机措施处理。

当恢复供电、供水并确认正常或火警解除、故障排除后，应先保持供液阀（储液器或冷凝器的出口阀）的关闭状态，按正常程序起动，待蒸发压力下降到一定值时（略低于正常运行工况下的蒸发压力），再打开供液阀，使机组投入正常运行。

不论因上述哪种情况采取了紧急停机措施，都要详细记录紧急停机前后机组的相关情况以及采取的具体措施。

## 五、常见故障的分析及解决方法

活塞式冷水机组常见故障的分析及解决方法见表2-2。

表2-2　活塞式冷水机组常见故障的分析及解决方法

| 常见故障 | 原因分析 | 解决方法 |
|---|---|---|
| 压缩机不能正常起动 | 1. 线路电压过低或接触不良<br>2. 排气阀片漏气，造成曲轴箱内压力过高<br>3. 温度控制器失灵<br>4. 压力控制器失灵 | 1. 检查线路电压过低的原因及其电动机连接的起动元器件<br>2. 修理研磨阀片与阀座的密封线<br>3. 校验调整温度控制器<br>4. 校验调整压力控制器 |
| 压缩机不运转 | 1. 电气线路故障、熔丝熔断、热继电器动作<br>2. 电动机线圈烧毁或匝间短路<br>3. 活塞卡住或抱轴<br>4. 压力继电器动作 | 1. 找出断电原因，更换熔丝或按下复位按钮<br>2. 测量各相电阻及绝缘电阻，修理电动机<br>3. 打开机盖、检查修理<br>4. 检查油压、温度、压力继电器，找出故障，修复后按下复位按钮 |

（续）

| 常见故障 | 原因分析 | 解决方法 |
|---|---|---|
| 压缩机起动、停机频繁 | 1. 吸气压力过低或低压继电器切断值调得过高<br>2. 排气压力过高或高压继电器切断值调得过低 | 1. 调整温度继电器的控制温度<br>2. 检查冷凝器的供水情况 |
| 压缩机不停机 | 1. 制冷剂不足或泄漏<br>2. 温控器、压力继电器或电磁阀失灵<br>3. 节流装置开度过小 | 1. 检漏、修复、补充制冷剂<br>2. 检查后修复或更换<br>3. 加大开度 |
| 压缩机排气压力过高 | 1. 系统中有空气或不凝性气体<br>2. 冷却水量不足或太热<br>3. 冷凝器管子被污物或水垢堵塞<br>4. 排气管路阀门开度过小<br>5. 制冷剂太多，冷凝器积液 | 1. 放出不凝性气体<br>2. 检查水阀是否开启，水过滤器是否堵塞<br>3. 清洗冷凝器水程<br>4. 开至最大开度<br>5. 排除多余制冷剂 |
| 压缩机排气压力过低 | 1. 冷却水太多或太冷<br>2. 排气阀组损坏<br>3. 卸载装置机构失灵<br>4. 吸气压力低，制冷剂不足 | 1. 调节供水量<br>2. 检查排气阀组，必要时更换<br>3. 检查油压，如正常则停机检查卸载装置<br>4. 补充制冷剂 |
| 吸气压力过高 | 1. 供液节流阀开度太大<br>2. 吸气阀组损坏<br>3. 卸载装置机构失灵 | 1. 调节供液节流阀<br>2. 检查吸气阀组，必要时更换<br>3. 检查油压，如正常则检查卸载装置 |
| 吸气压力过低 | 1. 管路或吸气滤网阻塞<br>2. 制冷剂太少<br>3. 供液节流阀开度太小<br>4. 蒸发器集油太多 | 1. 抽真空后拆卸检查并清洗<br>2. 补充制冷剂<br>3. 调节供液节流阀<br>4. 放油 |
| 压缩机的油耗增大 | 1. 制冷剂液体进入曲轴箱<br>2. 油太多造成液击<br>3. 高压气缸套密封圈失效<br>4. 油压过高<br>5. 油温过高<br>6. 回油阀未关闭<br>7. 活塞环或气缸磨损 | 1. 将节流阀关小或暂时关闭<br>2. 检查油面，放油<br>3. 检查，必要时更换<br>4. 调节<br>5. 检查是冷却问题还是机械故障，对症处理<br>6. 关闭<br>7. 检查，必要时更换 |
| 压缩机的油压调不高 | 1. 过滤器堵塞<br>2. 轴承间隙过大<br>3. 油泵磨损 | 1. 检查曲轴箱内的油过滤器，清洗干净<br>2. 修理并更换<br>3. 更换 |
| 油温过高 | 1. 曲轴箱油冷却器缺水<br>2. 主轴承装配间隙过小<br>3. 油封摩擦环装配过紧或摩擦环拉毛<br>4. 润滑油不清洁 | 1. 检查水阀及供水管路<br>2. 调整装配间隙，使之符合技术要求<br>3. 检查修理轴封<br>4. 清洗油过滤器，更换新油 |
| 油压过高 | 1. 油压调节阀未开或开启过小<br>2. 油压调节阀阀芯卡住 | 1. 开启、调整<br>2. 修理油压调节阀 |
| 油压不稳 | 1. 油泵吸入带有泡沫的油<br>2. 油路不畅通 | 1. 找出油起泡沫的原因，并对症处理<br>2. 检查疏通油路 |

（续）

| 常见故障 | 原因分析 | 解决方法 |
|---|---|---|
| 轴封漏油 | 1. O形圈老化失效<br>2. 轴封损伤<br>3. 联轴器同轴度误差大 | 1. 更换<br>2. 修理或更换<br>3. 重新找正 |
| 曲轴箱中润滑油起泡沫 | 1. 油中混有大量氨液，压力降低时由于氨液蒸发引起泡沫<br>2. 曲轴箱中油太多，连杆大头搅动油引起泡沫 | 1. 将曲轴箱中的氨液抽出，更换新油<br>2. 从曲轴箱中放油，降到规定油面 |
| 压缩机排气温度过高 | 1. 冷凝温度太高<br>2. 吸气温度太低<br>3. 回气温度过热<br>4. 气缸余隙容积过大<br>5. 气缸盖冷却水量不足<br>6. 系统中有空气 | 1. 加大冷风量<br>2. 调整供液量或向系统添加制冷剂<br>3. 按吸气温度过热处理<br>4. 按设备技术要求调整余隙容积<br>5. 加大气缸盖冷却水量<br>6. 排除空气 |
| 压缩机排气温度过低 | 1. 压缩机结霜严重<br>2. 中间冷却器供液过多 | 1. 关小节流阀<br>2. 关小中间冷却器供液阀 |
| 能量调节机构失灵 | 1. 油压过低<br>2. 油管堵塞<br>3. 活塞卡住<br>4. 拉杆与转动环卡住<br>5. 油分配阀安装不合适<br>6. 能量调节电磁阀故障 | 1. 调整油压<br>2. 清洗油管<br>3. 检查原因，重新装配<br>4. 检查拉杆与转动环，重新装配<br>5. 用通气法检查各工作位置是否适当<br>6. 检修或更换 |

## 课题三　离心式冷水机组的运行管理

　　目前，用于中央空调的离心式冷水机组，主要由离心制冷压缩机、主电动机、蒸发器（满液式卧式壳管式）、冷凝器（水冷式卧式壳管式）、节流装置、压缩机入口能量调节机构、抽气回收装置、润滑油系统、安全保护装置、主电动机喷液蒸发冷却系统、油回收装置及微电脑控制系统等组成，并共用底座。其工作原理和循环图如图 2-3 所示，空调系统图如图 2-4 所示。

　　离心式冷水机组的运行管理，同样包括运行前的检查与准备、机组及其水系统的起动与停机操作、运行调节、停机时的维护保养、常见问题和故障的早期发现与处理等工作内容。离心式冷水机组因开机前停机的时间长短不同和所处的状态不同而有日常开机和年度开机之分，同时也决定了其开机前的检查与准备工作的侧重点不同。

### 一、开机前的检查与准备工作

#### 1. 日常开机前的检查与准备工作

1）检查机组油槽的油位是否达到规定要求，不足时应及时补充。

2）开启冷却水泵、冷却塔风机、冷水泵，向机组供水，调整两泵水流量至规定值。

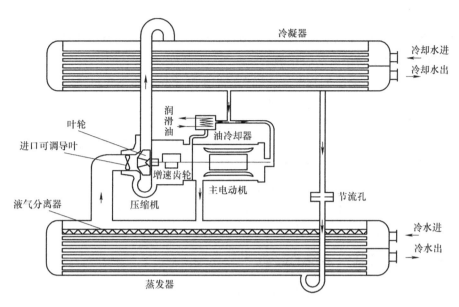

图 2-3　离心式冷水机组工作原理和循环图

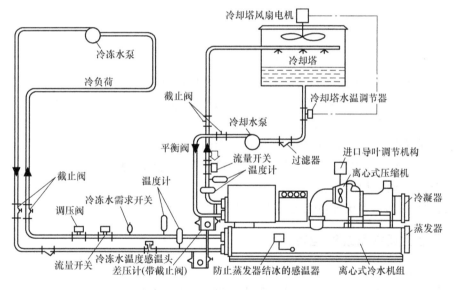

图 2-4　离心式冷水机组空调系统图

3）检查机组油槽油温是否符合规定，油温过低则开启油加热器，油温过高则可开大油冷却水管上的阀门降温。

4）开启油泵调整油压至规定值。

5）检查蒸发器视镜中的液位，看是否达到规定值。

6）起动抽气回收装置运行 5～10min，排除机组内不凝性气体。

7）检查电压是否正常，三相电压应均在（380±10）V 范围内。

**2. 年度开机前的检查与准备工作**

1）检查主电源、控制电源、控制柜之间的电气控制电路和控制管路，确认连接正确无误。

2）检查控制系统中各调节项目、保护项目、延时项目等的控制设定值，应符合技术说明书上的要求，并且要动作灵活、正确。

3）检查与测定主电动机的相电压，确保平均不稳定相电压不超过额定电压的2%。

4）检查主电动机旋转方向是否正确。

5）检查油泵旋转方向是否正确，油压差是否符合说明书的规定要求。

6）检查制冷系统内制冷剂是否达到规定的液位要求，以及是否有泄漏情况。

7）因冬季防冻而排空了水的冷凝器和蒸发器及相关管道要重新排除空气，充满水。

8）检查冷冻水泵、冷却水泵、冷却塔风机。

9）检查机组和水系统中的所有阀门是否操作灵活，有无泄漏或卡死现象；检查各阀门的开、关位置是否符合系统的运行要求。

## 二、冷水机组及其水系统的起动

1）闭合操作盘（柜）上的开关至起动位置。

2）在自动状态下，油泵起动20s后，主电动机起动。

3）当主电动机运转电流稳定后，可缓慢开启导叶，待蒸发器出口冷水温度接近要求值时，可将导叶的手动控制改为温度自动调节控制。

① 油压不得低于0.1MPa（表压）。

② 主电动机运转电流应在规定范围内。

4）打开油冷却器供水阀，使其供油温度控制在规定范围内。

5）起动后注意压缩机运转声音是否正常，如产生喘振现象应立即进行调整。

6）检查主电动机温度是否正常。

7）检查浮球室中制冷剂液位是否在规定范围内。

8）调节冷却水量、水温，使冷凝温度基本稳定在工况要求范围之内。

9）检查浮球阀的动作情况。

10）起动结束后，系统即可按自动方式投入正常运行。

## 三、机组及其水系统的运行

### 1. 运行调节

1）冷凝压力表的读数不允许超过极限值$0.78 \times 10^5$Pa（表压），否则会停机。若压力过高，必要时就可用"部分自动"起动方式运转抽气回收装置约30min或加大冷却水流量来降低冷凝压力。

2）压缩机进口导叶由关闭至额定制冷量工况的全开过程，供油压力表的读数下降$(0.686 \sim 1.47) \times 10^5$Pa（表压）。若下降幅度过大，可在表压为$1.57 \times 10^5$Pa时稳定30min，待机组工况平稳后，再将供油压力调至规定值$(0.98 \sim 1.47) \times 10^5$Pa（表压）的上限。

要注意观察机组油槽油位的状况，因为过高的供油压力将会造成漏油故障。压缩机运行时，必须保证压缩机出口气压比轴承回油处的油压高约$0.1 \times 10^5$Pa，只有这样才能使压缩机叶轮后充气密封、主电动机充气密封、增速箱箱体与主电动机回液（气）腔之间充气密封起到封油的作用。

3）油槽油位的高度反映了润滑油系统的循环油量的大小。机组起动之前，制冷剂可能较多地溶解于油中，造成油槽视镜中的油位上升。随着进口导叶开度的加大、轴承回油温度上升及油槽油温的稳定，在油槽油面及内部聚集着大量的制冷剂气泡，若此时油压指示值稳定，则这些气泡属于机组起动及运行初期的正常现象。待机组稳定运行 3～4h 后，气泡即慢慢消失，此时油槽中的油位才是真实油位。

在机组起动时，由于油槽中有大量的气泡产生，供油压力会呈缓慢下降的趋势，此时，应严密监视油压的变化。当油压降到机组最低供油压力值（如表压 $0.78 \times 10^5$ Pa）时，应做紧急停机处理，以免造成机组的严重损坏。

4）机组起动及运行过程中油槽中的油温应严格控制在 5～60℃。若油槽中油温过高，可切断电加热器或加大油冷却器供液量，使油温下降。

5）供油油温应严格控制在 35～50℃，与油槽油温同时调节，方法相同。

6）机组轴承中，叶轮轴上的推力轴承温度最高，应严格控制各轴承温度不大于65℃。

**2. 运行中的记录**

离心式冷水机组的运行管理记录表样式见表1-4。

**3. 正常运行标志**

1）压缩机吸汽口温度应比蒸发温度高 1～2℃ 或 2～3℃。蒸发温度一般为 0～10℃，一般机组多控制在 0～5℃。

2）压缩机排汽温度一般不超过 60～70℃。如果排汽温度过高，会引起冷却水水质的变化，杂质分解增多，使设备被腐蚀损坏的可能性增加。

3）油温应控制在 43℃以上，油压差应在 0.15～0.2MPa。润滑油泵轴承温度应为 60～74℃。如果润滑油泵运转时轴承温度高于83℃，就会引起机组停机。

4）冷却水通过冷凝器时的压力降低范围应为 0.06～0.07MPa，冷媒水通过蒸发器时的压力降低范围应为 0.05～0.06MPa。如果超出要求的范围，就应通过调节水泵出口阀门及冷凝器、蒸发器的进水阀门进行调整，将压力控制在要求的范围内。

5）冷凝器下部液体制冷剂的温度，应比冷凝压力对应的饱和温度低2℃左右。

6）从电动机的制冷剂冷却管道上的含水量指示器上，应能看到制冷剂液体的流动及干燥情况在合格范围内。

7）机组的冷凝温度比冷却水的出水温度高2～4℃，冷凝温度一般控制在40℃左右，冷凝器进水温度要求在32℃以下。

8）机组的蒸发温度比冷媒水出水温度低1～4℃，冷媒水出水温度一般为 5～7℃。

9）控制盘上电流表的读数小于或等于规定的额定电流值。

10）机组运行声音均匀、平稳，听不到喘振或其他异常声响。

离心式压缩机运行的正常操作参数见表2-3。

## 四、机组及其水系统的停机

**1. 正常停机**

制冷系统在正常运行时，因为定期维修或其他非故障性的主动停车，称为机组的正常停机。正常停机一般采用手动方式。机组的正常停机是正常起动的逆过程。

正常停机程序如下：

1）采用手动操作方式，将进口导叶开度关闭 30%，使机组处于减载运行状态。

表 2-3　离心式压缩机运行的正常操作参数

| 操作参数 | 正常值 | 操作参数 | 正常值 |
|---|---|---|---|
| 油槽油位 | 油槽视油镜水平中线 ±5mm | 冷凝压力（表压） | <0.076MPa（R123 型机组） |
| 油槽油温 | 55~65℃（对 19DK/DM 机组为 60~65℃） | 蒸发器冷水出水温度 | (7±0.3)℃ |
| 轴承供油温度 | 35~50℃ | 冷凝器冷却水进水温度[②] | (32±0.3)℃ |
| 轴承温度[①] | ≤70℃（不低于 45℃） | | |
| 机壳顶部轴承位振动 | ≤0.03mm（双振幅） | 冷凝器与回收冷凝器压差 | 0.0137~0.027MPa |
| 轴承供油压力[②]（表压） | 0.1~0.2MPa（对 19DK/DM 机组为 0.138~0.172MPa） | 主电动机电流 | 因机组的不同容量而异 |
| 主电动机端盖轴承部位振动[②] | ≤0.03mm（双振幅） | 压缩机进口导叶开度 | 100% |
| | | 蒸发器中制冷剂液位 | 视液镜水平中线 ±10mm |

① 19DK/DM 机组运行时，要求轴承回油温度为 66~80℃。

② 测量应符合 GB/T 18430.1—2007 中规定内容。

2）按下"主机停止"按钮，使主电动机停止运转，同时控制柜上主电动机运行电流表指针应位于"0"。主机停机后，延时 1~3min（不同机组延时时间不同）后，油泵电动机停止转动。此时导叶应关闭（采用自动复位或手动复位）。

3）关闭油冷却器进出口冷却水阀（手动或电磁阀动作）和向主电动机供液态制冷剂阀。

4）压缩机停机 15min 后，停止冷冻水泵的运转。

5）关闭冷却水泵出口阀，停止冷却水泵和冷却塔风机。

6）在停压缩机时注意主电动机有无反转现象。主电动机的反转是由于停机过程中压缩机的增压作用突然消失，蜗壳及冷凝器中的高压制冷剂气体倒灌所造成的。因此，压缩机停机前应在保证安全的前提条件下，尽可能关小导叶角度，降低压缩机出口压力。

7）停机后关闭抽气回收装置与蒸发器、冷凝器连通的两个波纹管阀及供小活塞式压缩机加油的加油阀。若在运行中油回收装置前后的波纹管阀已打开，停机时则必须将其关闭，防止润滑油向压缩机内倒灌。

8）停机过程中仍需注意油槽的油位。停机后油位不宜过高也不宜过低，且与机组运行前的油位比较，以检查机组在运行过程中的漏油情况，并采取措施。

9）主机停机稳定之后，关闭向回油冷凝器、油冷却器等供制冷剂的液体阀，以及供冷凝室和再冷室的冷却水阀。

10）停机后仍应保持向主电动机供油，使回油管路保持畅通，即中间各阀一律不得关闭。

11）切断机组电源。

12）检查蒸发器制冷液位的高度，并与运行前相比较。检查浮球室内浮球回位和液位情况。

13）进一步检查导叶关闭情况，且使之处于全闭状态。

**2. 故障停机**

故障停机是由机组的控制系统自动进行的，与正常停机的不同之处在于，主机停止指令是由计算机控制装置发出的，机组的停止程序与正常停机过程相同。

**3. 紧急停机**

离心式冷水机组紧急停机的操作方法和注意事项与活塞式制冷压缩机机组紧急停机的内容和方法相同，可参照执行。

### 五、常见故障的分析及解决方法

离心式冷水机组常见故障的分析及解决方法见表2-4。

表2-4 离心式冷水机组常见故障的分析及解决方法

| 常见故障 | | 原因分析 | 解决方法 |
|---|---|---|---|
| 压缩机不能起动 | | 1. 电动机的电源事故<br>2. 进口导流叶片不能完全关闭<br>3. 控制线路熔断器断开<br>4. 过载继电器动作 | 1. 检查电源，恢复正常<br>2. 检查导叶开关是否与执行机构同步<br>3. 检查熔断器，修复或更换<br>4. 按下继电器的复位按钮，检查控制装置的电流设定值是否高于过载继电器 |
| 油泵不能起动 | | 1. 频繁起动定时器<br>2. 开关不能合闸 | 1. 等过了设定时间后再起动<br>2. 按下继电器的复位按钮，检查熔断器是否断线 |
| 冷凝压力过高 | 冷却水出口温度过高 | 1. 空气漏入机内<br>2. 冷凝器管道结垢<br>3. 冷却水中混有空气<br><br>4. 冷却水流量不足 | 1. 起动抽气装置，将空气排掉<br>2. 将管道清洁，除垢<br>3. 改进泵吸入口的填料等，将泵的吸入管插入水下一定深度<br>4. 检查冷却水系统中是否存在水泵流量小、阀门阻力大等情况，更换或维修 |
| | 冷却水进出口温差和阻力损失减小 | 水室内的垫片外移或隔板破损 | 克服冷却水短路而不流入管内的现象 |
| | 冷却水进口温度过高 | 1. 冷却塔效果差<br><br>2. 冷却塔水量不足 | 1. 检查风扇和喷嘴是否正常，补给水是否足够<br>2. 检查泵的批量是否正常，冷却水管路的阀是全开，过滤器是否堵塞 |
| 冷凝压力过低 | 压力表的指示值低于冷却水温度的相应值 | 压力表内有制冷剂凝结 | 检查管道是否过长和中途冷却或管道有变形 |
| | 制冷剂冷却电动机的线圈温度上升 | 1. 冷却水温度降低<br>2. 水量过大 | 1. 将冷却水出口温度升到规定值以上<br>2. 减小到恰当的冷却水量 |

（续）

| 常见故障 | | 原因分析 | 解决方法 |
|---|---|---|---|
| 蒸发压力过低 | 蒸发温度与冷水出口温度相差较大，压缩机进、排气温度过高 | 1. 制冷剂充注量不足<br>2. 机组内制冷剂大量泄漏<br>3. 制冷剂污染<br>4. 制冷剂浮球阀动作错误<br>5. 蒸发器内漏水或浮球阀冻结<br>6. 蒸发器水室短路<br>7. 冷水泵吸入口有空气吸入 | 1. 补充制冷剂<br>2. 机组检漏、维修<br>3. 更换制冷剂<br>4. 修理浮球阀<br>5. 修理漏水部位，机内充分干燥后再运行<br>6. 检查水室，排除短路<br>7. 改进泵吸入口的密封填料，将吸水管插入水面下 |
| | 蒸发温度偏低，冷凝温度正常 | 1. 传热管污染或一部分堵塞<br>2. 制冷剂不纯或污染 | 1. 清洁管道，对堵塞部分清通或更换<br>2. 处理制冷剂 |
| | 冷水出口温度降低 | 1. 冷水出口的温度调节器设定温度过低<br>2. 导叶开度过大，制冷量过大<br>3. 外界冷负荷太小<br>4. 自动启停用恒温控制器失灵 | 1. 调整温度设定值<br>2. 将导叶开关置于自动位置，校正温度调节器<br>3. 减少运转机台数<br>4. 检查设定温度和恒温控制器 |
| 油压降低 | | 1. 油过滤器堵塞<br>2. 油压调节阀故障<br>3. 油起泡沫<br>4. 油泵故障<br>5. 主电动机回油管未连接油槽 | 1. 清洗或更换油过滤器<br>2. 更换调节阀<br>3. 减少油冷却器的冷水或制冷剂量，使油温上升，将油中的制冷剂蒸发掉<br>4. 检查油泵<br>5. 使回油管重新接通油槽 |
| 制冷量不足 | | 1. 冷凝压力高<br>2. 蒸发压力低<br>3. 装置不良 | 1. 参考本表"冷凝压力过高"栏<br>2. 参考本表"蒸发压力过低"栏<br>3. 更换装置 |
| 蒸发压力过高 | | 1. 制冷剂出口温度设置过高<br>2. 测温电阻丝结露<br>3. 进口导叶卡死，无法开启<br>4. 进口导叶手控和自控失灵<br>5. 制冷量小于外界负荷 | 1. 调整设定值<br>2. 干燥后将电阻丝密封<br>3. 检查进口导叶机构<br>4. 检查导叶控制开关位置，使导叶开关与负荷平衡<br>5. 检查导叶开度是否正常，减少外界负荷或增加运转机台数 |
| 油压表剧烈摆动 | | 1. 油压表接管中混入制冷剂气体或空气<br>2. 油压调节阀不良或损坏<br>3. 油位过低，造成油泵气蚀<br>4. 油起泡沫 | 1. 松开油压表的外套螺母，将气体放出<br>2. 检查油压调节阀或更换<br>3. 补油至规定油位<br>4. 升高油温 |
| 油温过低 | | 1. 油冷却器冷却水量过大<br>2. 油加热器的恒温控制器设定温度过低<br>3. 油加热器断线 | 1. 调小冷却水阀<br>2. 重新设定温度值<br>3. 更换油加热器 |

（续）

| 常见故障 | 原因分析 | 解决方法 |
|---|---|---|
| 油温过高 | 1. 油加热器的恒温控制器设定温度过高<br>2. 油冷却器的冷却水量不足<br>3. 油冷却器的冷水管污染<br>4. 机壳上部油－气分离器的分离网严重堵塞 | 1. 重新设定温度值<br>2. 增大冷却水量或更换冷却器<br>3. 清洗冷水管<br>4. 拆换分离网 |
| 抽气回收系统中的压缩机不动作或效果不好 | 1. 传动带过紧或打滑<br>2. 活塞因锈蚀而卡死<br>3. 压缩机的电动机接线不良或松动，或电动机完全损坏<br>4. 空气排除阀损坏<br>5. 液态压缩 | 1. 更换或张紧传动带<br>2. 拆卸清洗<br>3. 重新接线或更换电动机<br>4. 调整设定值或更换<br>5. 调整吸入压力调节阀，使之与室温相适应 |
| 轴承温度过高 | 1. 连接不好<br>2. 轴瓦损坏<br>3. 油污染或混入水<br>4. 油冷却器结垢<br>5. 油冷却器冷却水量不足<br>6. 压缩机排气温度过高<br>7. 冷凝压力异常升高 | 1. 重新连接<br>2. 更换轴瓦<br>3. 更换油或修理漏水部位<br>4. 清洗或更换油冷却器<br>5. 增大冷却水量或更换冷却器<br>6. 参考本表"冷凝压力过高"和"蒸发压力过低"栏<br>7. 参考本表"冷凝压力过高"栏 |
| 压缩机排气温度低 | 吸入液体制冷剂 | 调整制冷剂量 |
| 压缩机油量减少 | 1. 活塞的刮油环损坏<br>2. 油分离器损坏 | 1. 更换刮油环<br>2. 检查浮球阀的工作和加热器是否断线 |
| 压缩机油位上升 | 制冷剂混入油中 | 检查排液阀，加热分离油与气。在停止抽气时，关闭吸气管和排出管上的阀 |
| 抽气回收系统中制冷剂损失大 | 1. 抽气柜浮球阀失灵<br>2. 空气放出阀设定不好<br>3. 辅助冷凝器冷却效果不好<br>4. 截止阀工作不好<br>5. 压缩机密封不好<br>6. 过量空气漏入制冷剂<br>7. 制冷剂不纯 | 1. 拆开清洗浮球阀，磨合阀座，检查浮球<br>2. 根据室温和冷却水温，正确设定放出压力<br>3. 检查冷却水量，清洗热交换器的污垢或清除堵塞的部分盘管<br>4. 检查制冷剂回流阀是否已开，自动运转方式时检查阀是否在自动位置<br>5. 调整或更换密封片<br>6. 检漏，修补<br>7. 更换制冷剂 |
| 电动机过载 | 1. 冷冻水入口温度高<br>2. 吸入液体制冷剂<br>3. 吸入油<br>4. 冷凝压力高<br>5. 装置不良 | 1. 调整冷冻水温度设定值<br>2. 排出制冷剂<br>3. 重复利用制冷剂<br>4. 参考本表"冷凝压力过高"栏<br>5. 更换装置 |

（续）

| 常见故障 | 原因分析 | 解决方法 |
|---|---|---|
| 异常振动，电流波动 | 1. 油压高于标准压力<br>2. 吸收了过多的液体制冷剂<br>3. 轴承间隙大<br>4. 喘振 | 1. 设置为标准压力<br>2. 排出制冷剂<br>3. 拆开检查<br>4. 拆开压缩机的旁通阀或直接将一部分气体放空以维持压缩机的最低流量 |
| 噪声大 | 1. 喘振<br>2. 噪声通过冷却水和冷冻水的管道传播<br>3. 油起泡沫<br>4. 导叶装置和防振装置不良<br>5. 增速齿轮不良 | 1. 参考本表"异常振动，电流波动"栏<br>2. 加装管道柔性接头和防振弹簧<br>3. 油加热器通电<br>4. 重新装配或更换<br>5. 更换齿轮 |
| 机组内腐蚀 | 1. 气密性差，湿空气漏入<br>2. 热交换器漏水，漏制冷剂<br>3. 压缩机排气温度在 100℃ 以上，使制冷剂分解 | 1. 检漏，修补<br>2. 修补漏水部位，使机组干燥<br>3. 在压缩机中间级喷射液态制冷剂，降低排气温度 |
| 油系统腐蚀 | 加热器油温过高或油位过低 | 保持正常油位，防止油温过高 |
| 管内或管板腐蚀 | 水质太差 | 进行水处理，改善水质，在制冷剂中加缓蚀剂，控制 pH 值 |

## 课题四　螺杆式冷水机组的运行管理

　　螺杆式冷水机组主要由螺杆压缩机、冷凝器、蒸发器、膨胀阀及电控系统组成。图 2-5 所示为单机头水冷螺杆式冷水机组的基本结构，图 2-6 所示为带经济器的螺杆式制冷机组的基本结构。与活塞式压缩机相比，其运动部件少，结构简单、紧凑，质量小，可靠性高，正常工作周期长，采用滑阀装置，可实现无级调节，适用于冰蓄冷系统。螺杆式冷水机组的运行管理，也同样包括运行前的检查与准备、机组及其水系统的起动与停机操作、运行调节、

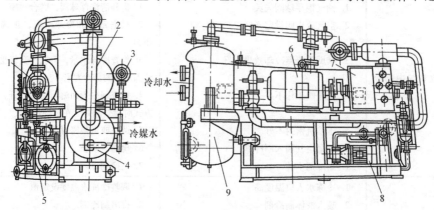

图 2-5　单机头水冷螺杆式冷水机组的基本结构
1—螺杆式制冷压缩机　2—冷凝器　3—干燥过滤器　4—蒸发器　5—油冷却器
6—电动机　7—电气控制箱　8—油泵　9—油分离器

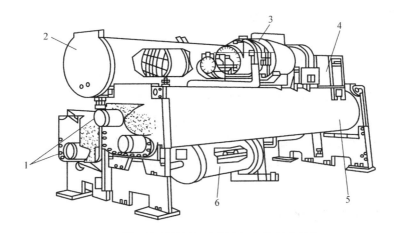

图 2-6　带经济器的螺杆式制冷机组的基本结构

1—接管　2—油分离器　3—螺杆式制冷压缩机　4—电气控制箱　5—换热器　6—经济器

停机时的维护保养、常见问题和故障的早期发现与处理等工作内容。

## 一、开机前的检查与准备工作

1）将机组的高低压压力继电器的高压压力值调整到高于机组正常运行的高压压力值，低压压力值调整到低于机组正常运行的低压压力值，将压差继电器的调定值调到 0.1MPa（表压），使其能控制当油压与高压压差低于该值时自动停机，或机组的油过滤器前后压差大于该值时自动停机。

2）检查机组中各有关开关装置是否处于正常位置。

3）检查油位是否保持在视油镜 1/3～1/2 的正常位置上。

4）检查机组中的吸气阀、制冷剂注入阀、放空阀及所有的旁通阀是否处于关闭状态，但是机组中的其他阀门应处于开启状态。

5）检查冷凝器、蒸发器、油冷却器的冷却水和冷冻水路上的排污阀、排气阀是否处于关闭状态，而水系统中的其他阀门均应处于开启状态。

6）检查冷却水泵、冷媒水泵及其出口调节阀、单向阀是否能正常工作。

7）检查机组供电电源的电压是否符合要求。

## 二、机组及其水系统的起动

1）检查系统中所有阀门所处的状态是否符合要求。

2）向机组电气控制装置供电，并打开电源开关，使电源指示灯点亮。

3）起动冷却水泵、冷却塔风机和冷媒水泵，应能看到三者的运行指示灯点亮。

4）检测润滑油温度是否达到 30℃，若不到 30℃，打开电加热器进行加热，同时可起动油泵，使润滑油循环温度均匀升高。

5）油泵起动运行以后，将能量调节控制阀置于减载位置，并确定润滑处于零位。

6）调节油压调节阀，使油压达到 0.5～0.6MPa。

7）闭合压缩机，打开控制电源开关，打开压缩机吸气阀，经延时后压缩机起动运行。在压缩机运行以后进行润滑油压力的调整，使其高于排气压力 0.15～0.3MPa。

8）闭合供液管路中的电磁阀控制电路，起动电磁阀，向蒸发器内供应液态制冷剂，将能量调节装置置于加载位置，并随着时间的推移，逐级增载，同时观察吸气压力，通过调节膨胀阀，使吸气压力稳定在 0.36 ~ 0.56MPa（表压）范围内。

9）压缩机运行后，当润滑油温度达到 45℃ 时断开电加热器的电源，同时打开油冷却器冷却水的进、出口阀，使压缩机运行过程中油温控制在 40 ~ 55℃。

10）若冷却水温较低，可暂时将冷却塔的风机关闭。

11）将喷油阀开启 1/2 ~ 1 圈，同时应使吸气阀和机组的出液阀处于全开位置。

12）将能量调节装置调节至满负荷运行，同时调节膨胀阀使吸气过热度保持在 6℃ 以上。

### 三、机组及其水系统的运行

**1. 运行调节**

机组起动完毕，投入正常运行后，应注意对下述内容进行检查和管理，确保机组安全运行，若发现有不正常情况，应立即停机，查明原因，排除故障后，再重新起动机组。

1）检查冷媒水泵、冷却水泵、冷却塔风机运行时的声音、振动情况，水泵的出口压力、水温等各项指标是否在正常工作参数范围内。

2）润滑油的温度是否在 60℃ 以下，油压是否高于排气压力 0.15 ~ 0.3MPa，油位是否正常。

3）压缩机处于满负荷运行时，检查吸气压力值是否在 0.36 ~ 0.56MPa。

4）检查压缩机的排气压力是否在 1.55MPa 以下，排气温度是否在 100℃ 以下。

5）压缩机运行过程中，检查电动机的运行电流是否在规定范围内。若电流过大，就应该调节至减载运行，防止电动机由于运行电流过大而烧毁。

6）检查压缩机运行时的声音、振动情况是否正常。

**2. 运行中的记录**

螺杆式冷水机组的运管理记录表样式见表1-5。

**3. 螺杆式冷水机组正常运行的标志**

1）压缩机排气压力为 1.1 ~ 1.5MPa（表压）。

2）压缩机排气温度为 45 ~ 90℃，最高不得超过 105℃。

3）压缩机吸气压力为 0.4 ~ 0.5MPa（表压）。

4）压缩机的油压比排气压力高 0.2 ~ 0.3MPa（表压）。

5）压缩机的油温为 40 ~ 60℃。

6）压缩机润滑油的油位不得低于油视镜高度的 1/3。

7）压缩机的运行电流在额定值范围内，避免电动机烧毁。

8）压缩机运行声音平稳、均匀，不应有敲击声和异常的声音。

9）压缩机的冷凝温度应比冷却水温度高 3 ~ 5℃，冷凝温度一般控制在 40℃ 左右，冷却水进口温度在 32℃ 以下。

10）压缩机机组的蒸发温度应比冷水的出水温度低 2 ~ 3℃，冷冻水出水温度一般为 5 ~ 7℃。

11）机组在正常运行中，任何部位都不应有油迹，否则意味着泄漏，须立即检漏修补。

## 四、机组及其水系统的停机

**1. 正常停机**

1）转动能量调节阀，使滑阀回到零位。

2）关闭冷凝器至蒸发器之间供液管路上的电磁阀、出液阀。

3）停止压缩机运行，同时关闭吸气阀。

4）待滑阀退移到零位时关闭油泵。

5）将能量调节装置置于"停止"位置。

6）关闭油冷却器的冷却水进水阀。

7）停止冷却水泵、冷却塔风机的运行。

8）停止冷冻水泵的运行。

9）关闭总电源。

**2. 长期停机**

由于用于中央空调冷源的螺杆式制冷压缩机多为季节性运行，因此，机组的停机时间较长。为保证机组的安全，在季节性停机时，可按以下方法进行停机操作。

1）在机组正常运行时，关闭机组的出液阀，使机组进行减载运行，将机组中的制冷剂全部抽至冷凝器中。为使机组不会因吸气压力过低而停机，可将低压压力继电器的调定值调为 0.15MPa。当吸气压力降至 0.15MPa 左右时，压缩机停机。当压缩机停机后，可将低压压力值再调回。

2）将停止运行后的油冷却器、冷凝器、蒸发器中的水卸掉，并放干净残存水，以防冬季时冻坏其内部的传热管。

3）关闭好机组中的有关阀门，检查是否有泄漏现象。

4）每星期应起动润滑油泵运行 10～20min，以使润滑油能长期均匀地分布到压缩机内的各个工作面，防止机组因长期停机而引起机件表面缺油，造成重新开机困难。

**3. 故障停机**

1）停止压缩机的运转，关闭压缩机的吸气阀，调查事故原因。

2）停止油泵工作，关闭油冷却器的冷却水进口阀。

3）关闭冷水系统和冷却水系统。

4）切断总电源，排除故障。

**4. 紧急停机**

1）停止压缩机运行。

2）关闭压缩机吸气阀。

3）关闭机组供液管上的电磁阀及冷凝器的出液阀，停止向蒸发器供液。

4）停止油泵工作。

5）关闭油冷却器的冷却水进水阀。

6）停止冷媒水泵、冷却水泵和冷却塔风机。

7）切断总电源。

机组在运行过程中出现停电、停水等故障时的停机可参照活塞式冷水机组紧急停机中的有关内容处理。

## 五、常见故障的分析及解决方法

螺杆式冷水机组常见故障的分析及解决方法见表2-5。

表2-5　螺杆式冷水机组常见故障的分析及解决方法

| 常见故障 | 原因分析 | 解决方法 |
| --- | --- | --- |
| 机组不能立即起动或起动后立即停机 | 1. 电源断电或电源电压过低（低于额定值10%）<br>2. 压缩机保护动作或控制线路熔丝断开<br>3. 控制线路接触不良<br>4. 压缩机继电器线圈烧坏<br>5. 电路接线相位有错<br>6. 能量调节未至零<br>7. 压缩机与电动机同轴度误差太大<br>8. 压缩机内充满油或液体制冷剂<br>9. 压缩机内磨损烧伤<br>10. 电动机线圈烧毁或短路<br>11. 机组内部压力过高 | 1. 恢复供电，并保证电压正常<br>2. 检查动作原因，修理后重新起动<br>3. 检查控制线路并修理<br>4. 更换线圈<br>5. 调整<br>6. 减载至零位<br>7. 调整同轴度<br>8. 盘动压缩机联轴器，将积液排出<br>9. 拆卸检修<br>10. 检修<br>11. 连接均压管 |
| 压缩机在运转过程中突然停机 | 1. 排气压力过高，高压继电器动作<br>2. 吸气压力过低，低压继电器动作<br>3. 温度调节器调得过小或失灵<br>4. 电动机超载，热继电器动作或熔丝断开<br>5. 油压过低，压差控制器动作<br>6. 油温过高，油温继电器动作<br>7. 控制电路故障<br>8. 仪表箱接线柱松动，接触不良 | 1. 查明原因，排除故障<br>2. 查明原因，排除故障<br>3. 调大控制范围，更换温控器<br>4. 减载，更换熔丝<br>5. 查明原因，排除故障<br>6. 查明原因，排除故障<br>7. 检查控制电路并修理<br>8. 查明后拧紧 |
| 排气压力过高 | 1. 机组内有不凝性气体<br>2. 冷却水进水温度过高或通过冷凝器的水流量不足<br>3. 冷凝器管道内结垢严重<br>4. 冷却水泵故障<br>5. 制冷剂充注过量<br>6. 冷凝器上的气体入口阀未完全打开<br>7. 吸入压力高 | 1. 由冷凝器将不凝性气体排出<br>2. 调节水系统，检查冷却塔工作情况和管路中的过滤器<br>3. 清洗冷凝器管道<br>4. 检查冷却水泵<br>5. 排出过量的制冷剂<br>6. 打开阀门<br>7. 见本表"吸气压力过高"栏 |

（续）

| 常见故障 | 原因分析 | 解决方法 |
|---|---|---|
| 排气压力过低 | 1. 流过冷凝器的水太多或水温太低<br>2. 液体制冷剂从蒸发器流入压缩机引起油泡<br>3. 冷凝器液体出口阀泄漏<br>4. 吸气压力低于正常值<br>5. 制冷剂不足 | 1. 调节水阀或控制闸阀，检查冷却塔运行情况<br>2. 检查和调整膨胀阀，确定感温包是否紧固于吸气管上且已隔热，检查冷却水入口温度是否高于规定温度<br>3. 检查机组运行电流，根据需要，更换出口阀<br>4. 见本表"吸气压力过低"栏<br>5. 补充制冷剂 |
| 吸气压力过高 | 1. 排气压力过高<br>2. 制冷剂充注过量<br>3. 液体制冷剂从蒸发器流入压缩机<br>4. 冷水管隔热不良 | 1. 见本表"排气压力过高"栏<br>2. 排除过量制冷剂<br>3. 检查和调整膨胀阀，确定感温包是否紧固于吸气管上且已隔热，检查冷水入口温度是否高于限定值<br>4. 检查管道隔热情况 |
| 吸气压力过低 | 1. 未完全打开冷凝器制冷剂液体出口阀<br>2. 液体管或吸气管完全堵塞<br>3. 膨胀阀调节不当或发生故障<br>4. 系统制冷剂不足<br>5. 在系统内过多的润滑油参与循环<br>6. 冷水入口温度低于标准温度<br>7. 通过蒸发器的冷水量不足<br>8. 排气压力过低 | 1. 打开阀门<br>2. 检查制冷剂过滤器<br>3. 正确调整过热度，检查感温包是否泄漏<br>4. 检查制冷剂是否泄漏<br>5. 检查润滑油量<br>6. 调整温度设定值<br>7. 检查水管路<br>8. 见前述 |
| 油温过高 | 油冷却器结垢 | 清除油冷却器上的污垢，降低冷却水温度或增大冷却水量 |
| 油压过高 | 1. 油压调节阀开度太小<br>2. 油压表损坏，指示有误<br>3. 油泵排出管堵塞 | 1. 适当增大开度<br>2. 检修，更换<br>3. 检修 |
| 油压过低 | 1. 油压调节阀开度过大<br>2. 油量不足<br>3. 油管道或油过滤器堵塞<br>4. 油泵故障<br>5. 油压表损坏，指示有误 | 1. 适当调节油压调节阀开度<br>2. 添加油到规定值<br>3. 清洗<br>4. 检修，更换<br>5. 检修，更换 |
| 运行中有噪声 | 1. 液体制冷剂或杂物进入压缩机<br>2. 止推轴承磨损破裂<br>3. 滚动轴承磨损，转子与机壳磨损<br>4. 联轴器的键松动 | 1. 节流，直至没有液体制冷剂由蒸发器排出，然后检查膨胀阀、过滤器<br>2. 更换<br>3. 更换滚动轴承，检修<br>4. 紧固螺栓或更换键 |

（续）

| 常见故障 | 原因分析 | 解决方法 |
|---|---|---|
| 运行过程中机组振动过大 | 1. 机组地脚螺栓未紧固<br>2. 压缩机与电动机同轴度误差太大<br>3. 机组与弯道圈因振动频率相近而共振<br>4. 吸入过多的润滑油或液体制冷剂 | 1. 加调节垫铁，拧紧螺栓<br>2. 校正同轴度<br>3. 改变弯道支承点位置<br>4. 停机，盘动联轴器将液体排出 |
| 排气温度过高 | 1. 压缩机不正常磨损<br>2. 机组内喷油量不足<br>3. 油温过高<br>4. 吸气过热度太大 | 1. 检查压缩机<br>2. 调整喷油量<br>3. 见本表"油温过高"栏<br>4. 适当开大供液阀，增加供液量 |
| 压缩机本体温度过高 | 1. 吸气温度过高<br>2. 部件磨损造成摩擦部位发热<br>3. 油冷却器能力不足<br>4. 喷油量不足<br>5. 电动机线圈温度升高<br>6. 由于杂质等原因造成压缩机烧伤 | 1. 适当调大节流阀<br>2. 停机检查<br>3. 增强冷却能力<br>4. 增加喷油量<br>5. 查明原因，排除故障<br>6. 停机检查 |
| 压缩机本体温度过低或结霜 | 1. 膨胀阀开度过大<br>2. 制冷剂充注过量<br>3. 热负荷过小<br>4. 感温包规定位置不对或未扎紧<br>5. 供油温度过低 | 1. 适当关小阀门<br>2. 排出多余的制冷剂<br>3. 调节机组负荷<br>4. 按要求重新固定<br>5. 提高供油温度 |
| 压缩机能量调节机构不动作 | 1. 冷水出口温度设定错误或温度传感器故障<br>2. 电磁阀故障<br>3. 压缩机损坏<br><br>4. 油压过低 | 1. 调节温度设定值或更换传感器<br>2. 检查电磁阀线圈<br>3. 检查压缩机能量调节机构的结构部件有无磨损卡住<br>4. 调节油压调节阀 |
| 蒸发器排气压力与压缩机吸气压力不相等 | 1. 吸气过滤器堵塞<br>2. 压力表故障<br>3. 压力传感元件故障<br>4. 阀的操作错误<br>5. 管道堵塞<br>6. 压缩机液击 | 1. 清洗过滤器<br>2. 检修、更换<br>3. 更换<br>4. 检查吸入系统<br>5. 检查、清理<br>6. 检查、排除 |
| 机组奔油 | 1. 在正常情况下发生奔油是由于操作不当引起<br>2. 油温过低<br>3. 供液量过大<br>4. 增载过快<br>5. 加油过多<br>6. 热负荷减小 | 1. 提高操作技能<br><br>2. 提高油温<br>3. 关小节流阀<br>4. 分多次增载<br>5. 排出过量油<br>6. 减小机组制冷量 |

课题五　溴化锂吸收式冷水机组的运行管理

吸收式制冷是利用某些具有特殊性质的工质对，通过一种物质对另一种物质的吸收和释放，产生物质的状态变化，从而伴随吸热和放热过程。工质对为水/溴化锂的吸收式冷水机组称为溴化锂吸收式冷水机组，其采用热能驱动，是与电力驱动的蒸汽压缩式冷水机组在工作原理和基本构造方面完全不同的另一类冷水机组，因此其运行管理各方面的工作内容也与压缩式冷水机组有很大的差别。

## 一、开机前的检查与准备工作

溴化锂吸收式制冷机组在运行前的准备工作主要有以下内容。

### 1. 系统的气密性试验

"真空是溴化锂吸收式制冷机的第一生命"，其蒸发器和吸收器中的绝对压力只有万分之几兆帕，而溴化锂制冷机制冷量的大小、制冷量的逐年衰减大小、制冷机使用寿命的长短、溴化锂溶液质量的变化及主机内部金属材料的腐蚀快慢等，无不与制冷机的真空度有密切关系，因此，保持制冷机的真空度相当重要，也即溴化锂制冷机组对气密性要求非常严格，它是关系到制冷机能否正常运行的大事。所以无论是新机组还是已使用过的旧机组，在年度开机前都应进行气密性试验。其操作方法是：如果机组中存在溶液，应事先将机组内抽气至最高极限，然后对其充入 0.08 ~ 0.1MPa（表压）压力的氮气或干燥无油的压缩空气，再在机组的各焊缝、阀门、法兰等连接处涂抹肥皂水并仔细进行检查，发现有脂皂泡连续出现的部位，即为泄漏点，发现泄漏点后就要做好记号，待将机组中试漏气体放出后，再做维修。

机组在补修后应重做压力试验，减压 24h，其压降小于 66.65Pa，则认为试压符合要求。

通过压力试验确认符合试验要求后，还要放掉试漏用的气体后进行真空检漏试验，使用真空泵对机组进行抽真空，当机组内压力达到 65Pa 以下、保压 24h 后，其绝对压力回升值在 5 ~ 10Pa 范围内视为合格。否则，应重新打压检漏。

### 2. 机组的清洗

开机前的溴化锂制冷机在经过严格的气密性试验后，必须进行清洗。其目的是：第一，检查屏蔽泵的转向和运转性能；第二，清洗内部系统中的污垢；第三，检查制冷剂和溶液循环管路是否畅通。

清洗的操作方法如下：

1）将软化水（或蒸馏水）注入容器中，通过橡胶管将水从容器吸入吸收器筒体内，水量略多于溶液量。

2）分别起动发生器泵和吸收器泵，并注意观察运行电流是否正常，泵内有无"喀喀"声，如有上述声音说明泵的转向接反，应及时调整。

3）起动冷媒水泵和冷却水泵。

4）向机组内送入 0.1 ~ 0.3MPa 的蒸汽，连续运转 30min。

5）观察蒸发器视孔有无积水产生，如有积水产生可起动蒸发器泵，间断将蒸发器内的水旁通至吸收器内；若无积水产生，则说明管道有堵塞，应及时处理。

6）清洗后将所有对外的阀门打开放气、放水。

7）清洗工作结束后，可向机组内充入氮气，将机组内的存水压出、吹净。

8）完成以上各项操作后，起动真空泵运行，抽气至相应温度下水的饱和蒸汽压力状态。

**3. 溶液的充注与取出**

（1）溶液的充注　市场供应的溶液浓度为50%左右，一般已加入0.1%～0.3%（质量分数）铬酸锂（$LiCrO_4$）缓蚀剂，且pH值已调到10.5，充注前复测pH值，否则添加氢氧化锂（LiOH）或氢溴酸（HBr）中和。溴化锂吸收式机组的溶液充注方法主要有两种方式：溶液桶充注和储液器充注。新溶液一般采用溶液桶充注方式，在机组检修维护时可采用储液器充注方式。溴化锂溶液的注入量，可按照产品使用说明书上要求的数量确定。

1）溶液桶充注。

① 检查机组的真空度（绝对压力应在133Pa以下）是否达到要求，因为溶液是靠外面大气压与机内真空度形成的压差而压进机组的。

② 准备好一只溶液桶（或缸，容积一般在$0.6m^3$左右），将溴化锂溶液倒入桶内。取一根软管，用溴化锂溶液充满软管，以排除管内的空气，然后将软管的一端连接机组的充注阀，另一端插入盛满溶液的桶内，如图2-7所示。溶液桶的桶口可加设不锈钢网或无纺布等过滤网以免杂物进入桶内。

③ 打开溶液充注阀，由于机组内部呈真空状态，溴化锂溶液由溶液桶经过软管，从充注阀进入机组内。调节充注阀的开度，可以控制溶液注入速度，以使桶中的溶液液位保持稳定。加注时应注意，软管一端应始终浸入溶液中，以防空气沿软管进入机组。同时，软管应与桶底保持一定的距离（一般为30～50mm），以防桶底的杂物随同溶液一起进入机组。

④ 溴化锂溶液按规定量充注完毕后，关闭充注阀，起动溶液泵，使溶液循环。再起动真空泵，对机组抽真空，将充注溶液时可能带入机组的空气抽尽。同时，也可观察机组液位及喷淋状况。

2）储液器充注。

① 关闭阀门A，打开阀门B，向储液器充入氮气，如图2-8所示，其压力一般为0.05MPa（表压）。在放液过程中，使储液器内的压力保持在0～0.05MPa（表压），注液就较快。

图2-7　溶液桶充注

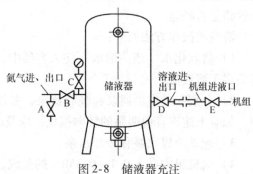

图2-8　储液器充注

② 取一根橡胶管，将橡胶管一端与储液器出液阀门 D 相连，拿起橡胶管另一端，其端部应比出液阀门略高，然后慢慢打开阀门 D，使溶液充满橡胶管，以防空气进入机组。关闭阀门 D，再将橡胶管的另一端与机组注液阀 E 相接。注意：橡胶管应能承受 0.1MPa（表压）以上的压力，否则在注液时，由于机组内是真空状态，橡胶管被吸扁，影响注液速度。橡胶管的两端应与阀门扎紧，以防脱落。

③ 依次打开阀门 D、机组注液阀 E，注液时人不要离开，应注意储液器上液位计的液位变化。

④ 当见到储液器最下面液位计液位时，适当关小机组上的注液阀，减慢进液速度。当液位到达储液器液位计最低处，或者橡胶管有振动时，说明储液器中溶液已放完，这时先关闭机组上的注液阀 E，再关闭储液器上的阀门 D。

⑤ 溶液充注完毕后，要先起动溶液泵，再起动真空泵，将充注溶液时带入机组的不凝性气体抽尽。

（2）溶液的取出　如果溶液充注过多，可起动发生器泵，并打开泵出口的注入阀，此处压力较高，可直接排出。

**4. 冷剂水的充注与取出**

（1）冷剂水的充注　冷剂水一般使用蒸馏水或离子交换水（软水）。冷剂水的注入方法与溴化锂溶液注入方法相同。最初的冷剂量应按照机组说明书上要求的数量充注。当然，冷剂水的充注量与加入的溴化锂溶液质量分数有关。如果加入的溴化锂溶液的质量分数符合机组说明书的要求，则冷剂水充注量就按照说明书的要求数量加入。如果加入的溴化锂溶液质量分数低于 50%，一般可先不加冷剂水。通过机组调试从溶液中产生冷剂水，如果冷剂水仍不足则再补充。但是，如果加入机组的溴化锂溶液的质量分数在 50% 以上，且不符合机组说明书的要求，则加入机组的冷剂水量也有变化，可进行计算，使加入机组的溴化锂溶液中的水分的质量与加入机组冷剂水的质量之和，等于要求的溴化锂溶液中的水分质量与加入的冷剂水质量之和。应该指出的是，机组中溶液及冷剂水量，随着机组运行工况而变化。如果在高质量分数下运行（如工作蒸汽压力较高、冷却水进口温度较高或冷水出口温度较低的场合），溴化锂溶液量会减少，而冷剂水量增加；反之，低质量分数下运行时（如加热蒸汽压力与冷却水进口温度较低、冷媒水出口温度较高的场合），溶液量增多，冷剂水量减少。通常，质量分数为 50% 的溴化锂溶液，在机组内浓缩时，所产生的冷剂水往往过多，必须排出一部分（受蒸发器水盘容量所限，但若机组配有冷剂存储器，则冷剂水不必排出），才能将溶液的质量分数调整到所需的范围。总之，加入的冷剂水量和加入的溴化锂溶液量一样，在机组实际运行时都要加以调整。

应注意的是，严防空气进入机组。冷剂水加入完成后，起动真空泵，将机组内不凝性气体排出。

（2）冷剂水的取出　当冷剂水较多时，由于冷剂水泵的压力低于大气压，故不能直接排出，可按图 2-9 所示的方法进行操作。

1）在取样瓶的橡胶塞上打两个 6~8mm 的孔，然后插入两根铜管，分别用橡胶管与冷剂水取样阀和真空泵抽气管上的抽气阀相连接。

2）起动真空泵运行 10~20min，首先将瓶内空气抽掉，然后关闭真空泵。

3）起动冷剂水泵运行 10~20min 后，打开冷剂水取样阀，冷剂水会自动流入瓶中。当一瓶水灌满后，应关闭取样阀，拔出瓶塞，记录水量。然后可重复上述过程数次，直到冷剂水量符合要求为止。

**5. 其他方面的检查**

1）检查电气控制系统中各接线是否牢固，电源供电电压是否正常，温度控制器、压力调节器、控制器等动作是否灵敏，以及给定值是否合适与屏蔽泵运转是否正常等。

2）检查热源（包括热水、废蒸汽、蒸汽等）供应是否正常。

3）检查冷冻水泵、冷却水泵、冷却塔风机的运转是否正常，以及布水器和接水管是否漏水。

4）检查各阀门的位置是否符合要求。

5）检查真空泵油位与动作是否正常。真空泵油位应在视油镜中部。观察油的颜色，若呈乳白色，应更换新油。用手转动带盘，检查转动是否灵活。

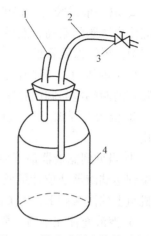

图 2-9　排出冷剂水接管示意图
1—接真空泵　2—软管
3—冷剂水取样阀　4—蒸馏水瓶

## 二、机组及其水系统的起动

完成开机前的检查、准备工作之后，就可以进入起动阶段。机组的起动有手动和自动两种方式。为保证安全，机组的起动一般多采用手动方式，待机组运转正常后再转入自动控制。

**1. 单效蒸汽型溴化锂吸收式冷水机组的起动操作**

1）起动冷却水泵、冷冻水泵及冷却塔风机，慢慢打开冷却水泵及冷冻水泵排出阀，向机组输送冷却水和冷冻水，并调整流量至规定值（允许偏差 ±5%）。打开水路系统上的放气阀，以排除管内的空气。

2）按下控制箱电源开关，接通机组电源。

3）按下"起动"按钮，起动溶液泵，并调节溶液泵出口的调节阀门，分别调节送往发生器的溶液量和吸收器喷淋所需要的溶液量（若采用浓溶液直接喷淋，则只需调节送往发生器的溶液量），使发生器的液位保持一定，并使吸收器溶液喷淋状况良好。

4）打开蒸汽管路上的凝水排放阀，并打开蒸汽凝水管路上的放水阀，放尽凝水系统的凝水。然后慢慢打开蒸汽截止阀，向发生器供汽，对装有减压阀的机组，还应调整减压阀，调整进入机组的蒸汽压力达到规定值。

5）随着发生器中溶液沸腾和冷凝器中冷凝过程的进行，吸收器液面降低，冷剂水不断地由冷凝器流向蒸发器，冷剂水逐渐聚集在蒸发器水盘（或液囊）内，当蒸发器水盘（或液囊）中冷剂水的液位达到规定值时，起动冷剂泵，机组逐渐进入正常运行。

**2. 双效蒸汽型溴化锂吸收式冷水机组的起动操作**

1）起动冷却水泵、冷冻水泵及冷却塔风机，缓慢打开冷却水泵和冷冻水泵排出阀，向机组输送冷却水和冷冻水，并调整流量至规定值（允许偏差 ±5）；同时，打开水管路系统上的放气阀，以排除水路内的空气。

2）按下机组控制箱内的电源开关，接通机组电源。

3）起动溶液泵，通过调节溶液泵出口阀门，分别调节送往高压发生器和低压发生器的溶液量。

4）对串联流程的双效机组，只需调节送往高压发生器的溶液量，将高、低压发生器的液位稳定在顶排传热管，并使吸收器维持良好的喷淋状态。

5）打开蒸汽管路上的凝水排放阀，打开蒸汽凝水管路上的放水阀，放尽凝水管路系统中的凝水。

6）慢慢打开蒸汽阀门，向高压发生器供汽，使溶液温度升高，缓慢开启蒸汽调节阀，按0.05MPa、0.1MPa、0.125MPa（表压）的顺序提高蒸汽压力至规定值。对装有减压阀的机组，还应调整减压阀，调整进入机组的蒸汽压力到规定值。

7）当蒸发器的冷剂水充足后（一般以蒸发器视镜浸没且水位上升速度较快为准），起动冷剂泵，调整泵出口的喷淋阀门使被吸收掉的蒸汽与从冷凝器流下来的冷剂水相平衡，机组至此就完成了起动过程，应逐渐转入正常运转状态。

8）机组进入正常运转后，可在工作蒸汽压力为0.2~0.3MPa（表压）的工况下，起动真空泵，以抽出机组中残余的不凝性气体，抽气工作可分几次进行，每次5~10min。

## 三、机组及其水系统的运行

### 1. 正常运行参数

1）冷媒水的出口温度。冷媒水的出口温度直接影响着机组的运行特性和运行合理性，一般规定为7℃。

2）冷却水的进口温度。一般规定冷却水的进口温度为32℃。

3）热源参数。一般规定单效溴化锂吸收式制冷机组以蒸汽为热源时，其蒸汽压力为0.1MPa（表压），双效溴化锂吸收式制冷机组以蒸汽为热源时，其蒸汽压力为0.25~0.80MPa（表压）。

4）冷却水的出口温度。冷却水在机组中通常是串联使用的，先经过吸收器吸收部分热量后，再流经冷凝器带走冷凝热。冷却水总温升为8~9℃，其中间温度由吸收器和冷凝器的负荷比（为1.4:1.1）来确定。

5）冷凝温度。溴化锂吸收式制冷机组运行时，其冷凝温度一般比冷却水出口温度高3~5℃。

6）蒸发温度。溴化锂吸收式制冷机组运行时，其蒸发温度通常取比冷媒水出口温度低2~5℃。

7）吸收器内溶液的最低温度。溴化锂吸收式制冷机组运行时，其吸收器内溶液的最低温度应比吸收器的冷却水温度（即冷却水的中间温度）高3~8℃。

8）发生器内溶液的最高温度。溴化锂吸收式制冷机组运行时，其发生器内溶液的最高温度应比热媒（蒸汽）温度低10~40℃。

9）放气范围。放气范围是指溴化锂浓溶液和稀溶液的浓度差。通常浓度差取4%~5%，即一般稀溶液浓度取56%~60%（质量分数，后同），浓溶液浓度取60%~64%。

10）溶液循环倍率。溴化锂吸收式制冷机组的溶液循环倍率是指发生器中产生1kg冷剂水蒸气所需的稀溶液循环量。

### 2. 运行观察

（1）液位观察

1）发生器的液位。主要是高压发生器的液位。高压发生器的液位过高或过低都会给机组带来不利影响，甚至损伤机组。若高压发生器的液位偏离规定值，有可能是溶液调节阀

（特别是阀门执行机构）的故障，或是液位设定值不准确。应立即查明原因，及时消除。

2）吸收器的液位。引起吸收器液位高低变化的原因很多，其中因外界条件变化引起液位变化是正常的变化。在相同的外界条件下，液位发生变化，主要是由于机组真空度及冷剂水被污染，以及溶液循环量不当等原因所导致的，应进行溶液取样分析并认真解决。

3）蒸发器的液位。与吸收器液位变化相同，外界条件变化引起的变化是正常的。在相同的外界条件下，冷剂水液位过高，主要是由于冷剂水污染或真空度不好引起的。

（2）冷剂（冻）水颜色观察　从视镜可观察到冷剂（冻）水的颜色。如果冷剂（冻）水呈黄色，则说明冷剂（冻）水已被污染。此时，应进行冷剂（冻）水取样，测量其相对密度。若冷剂（冻）水的相对密度超过 1.04，则应及时进行冷剂（冻）水的再生处理，直到相对密度接近 1.0 为止。

（3）冷冻水出水温度观察　应经常观察机组冷冻水出水温度的变化。如果冷冻水出水温度升高，要分析原因。因外界条件变化导致温度升高是正常的现象，若因机组性能下降导致温度升高，则要检查引起性能下降的原因。一般气密性不良或机组内存有非凝性气体是重要的原因之一。一旦确定机组性能下降是由于气密性不良造成的，说明机组存在泄漏，则要设法停机检漏。机组若无法停止运行，暂可以增加抽气次数来补救，但应加强对真空抽气系统的管理，并且争取尽快地停机检漏。

此外，冷冻水被污染、机组结晶、表面活性剂减少以及机组传热管内有污垢等，也会使冷冻水出水温度上升。

（4）冷却水观察　在机组运行过程中，要注意观察冷却水的进出水压差及温度差，如果有较大变化，则要分析原因。若其他参数变化不大，则可能是传热管结垢或传热管管口被堵塞，也可能是冷却水室隔板垫片破裂造成冷却水部分短路等原因，应仔细分析。

（5）溶晶管观察　在机组运行过程中，还应经常检查溶晶管是否烫手。通常情况下溶晶管吸收器接入端手可触及，并可长时间停留。溶晶管若烫手，手可触及但不能长时间停留，则说明有溶液流过溶晶管，应检查原因。若属于结晶的前兆，应及早处理。若溶晶管很烫手（手只能点接触，无法停留），说明溶液热交换器内的浓溶液侧可能已经结晶，发生器中浓溶液只能通过溶晶管旁通到吸收器。此时，应采取溶晶措施，排除故障。

**3. 溶液循环量的调整**

溶液循环量取决于安装在溶液泵出口处的稀溶液调节阀的开度和变频器的输出频率。在变频器输出频率为 50Hz，机组在额定工况下运行时，调节稀溶液调节阀，使机组的浓溶液浓度与稀溶液浓度之差（也称放气范围）为 4.5% 左右。将稀溶液调节阀的开度固定下来，变工况时的溶液循环量将由变频器自动调节。

若稀溶液调节阀开度过小，即溶液循环量过小，将导致机组热力系数降低，而且高压发生器液位和低压发生器液位偏高，可能造成冷剂水污染。

稀溶液调节阀调节适当后，调节中间溶液阀的开度，使高压发生器液位处于正常。

**4. 冷剂水与溶液的取样与测量**

调整溶液循环量时需要测定机组中浓溶液与稀溶液的浓度，以便将浓溶液与稀溶液的浓度差调整至 4.5% 左右，为防止冷剂水污染而影响制冷效果，需要测定冷剂水的相对密度。溶液和冷剂水的取样一般在调试期间进行。运行期间，当机组制冷量效果显著下降时，也应进行冷剂水和溶液的取样，以分析故障原因。对于冷剂水和浓溶液，应采取负压吸出的方法取样，如图 2-10 所示。

其操作程序如下：

1）准备好一个容器（容积一般为 $0.01m^3$ 以上，耐压 0.1MPa 以上），一般为大口真空玻璃瓶。

2）在玻璃瓶口旋紧橡胶塞，塞上穿两个孔，分别插入 $\phi8mm$ 的铜管（图 2-10 中的真空玻璃瓶有成直角方向进出的两个接头）。

3）取一根真空胶管，将其一端与真空玻璃瓶接头相连，另一端和机组冷剂泵出口取样阀相连。

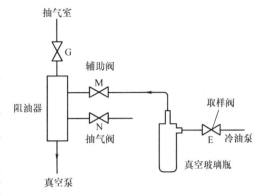

图 2-10　冷剂水负压取样

4）再取一根真空胶管，一端与真空玻璃瓶接口相连，另一端与真空泵抽气管路上的辅助阀相连。

5）关闭机组上所有抽气阀（如阀 G、阀 N），打开辅助阀 M，并关闭冷剂泵出口阀。

6）起动真空泵，将阻油器、抽气管路及真空玻璃瓶抽至高真空（需 1～3min）。

7）打开取样阀，冷剂水就不断地流入真空玻璃瓶。当瓶内冷剂水快要充满时，关闭取样阀，打开冷剂泵出口阀，再关闭辅助阀 M，最后停止运行真空泵。

8）将真空玻璃瓶中的冷剂水倒入冷剂水桶内。如果机组还要排出冷剂水，可重复上述步骤，直到蒸发器水盘（或液囊）冷剂液面达到规定值为止。

将取得的冷剂水或溶液倒入量筒内，用密度计测量冷剂水的密度，用波美比重计测量溶液的浓度。

对于稀溶液可采用直接放出的方法进行取样。做好稀溶液调节阀的开启位置标记，关小稀溶液调节阀，可直接从稀溶液吸入阀放出稀溶液。取样操作结束后，开启稀溶液调节阀至原来位置。

### 5. 机组的真空管理

机组真空状态的好坏（指机组内有无不凝性气体）直接影响到机组的正常工作，因此真空是机组的生命。为使机组保持良好的真空状态，设有抽气回收装置。抽真空操作可以分为自动抽真空和真空泵抽真空。机组在制冷运行过程中，一般使用自动抽真空。当机组内大量空气或自动抽真空不足以抽出机组内空气时，才使用真空泵抽真空。

制冷运行过程中单独自动抽冷凝器时，只打开冷凝器抽气阀，其余阀门全部关闭。单独自动抽吸收器时只打开吸收器自抽阀，其余阀门全部关闭。不能同时自动抽吸收器和冷凝器，否则冷凝器内的空气将自动流入吸收器。随着自动抽真空的不断进行，储液筒内的不凝性气体越来越多。当储液筒内的压力升高到一定值时，应起动真空泵，打开真空泵下的抽气阀，将储气筒内的空气抽出。此时不能打开真空泵上的抽气阀，否则储气筒内的空气会反流入吸收器中。

制冷运行过程中用真空泵抽吸收器时，只需打开真空泵下的抽气阀和真空泵上的抽气阀。用真空泵抽冷凝器时，还需打开冷凝器抽气阀和吸收器自抽阀。

### 6. 辛醇的补充

在机组的运行中，为了提高机组的性能，一般都要在溶液中加入一种能量增强剂——辛醇。辛醇的添加量一般为溶液量的 0.1% ~ 0.3%。机组长期运转后，辛醇蒸气会随同冷剂蒸气被真空泵抽出机组外，导致机组内辛醇含量减少，制冷量降低。判断辛醇是否需要补充的简单办法是：在机组的正常运行中，在低负荷运行时，将冷剂水旁通至吸收器中，当发现抽出的气体中辛辣味较淡时，可进行适当补充。

**7. 冷剂水的管理**

机组长期运转后，冷剂水中难免混入少量溴化锂溶液。随着冷剂水相对密度的增加，机组制冷量下降，热源耗损增大。为此要定期测定冷剂水的相对密度。当冷剂水的相对密度大于 1.04 时应进行再生。如图 2-11 所示，再生时关闭冷剂水喷淋阀，打开旁通阀，将混有溴化锂溶液的冷剂水全部旁通至吸收器。直至再生的冷剂水的相对密度小于 1.02 时，关闭旁通阀，打开冷剂水喷淋阀，进行喷淋。如果达不到要求，可反复进行冷剂水再生，直至合格。若冷剂水的相对密度大于 1.02，不必完全关闭冷剂水喷淋阀进行再生，

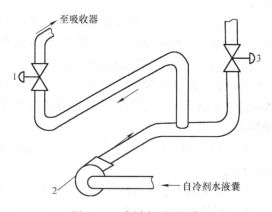

图 2-11  冷剂水再生操作
1—冷剂水旁通阀  2—冷剂水泵  3—冷剂水调节阀

可一边喷淋，一边旁通再生。此时制冷效果降低，运转一段时间后再测量冷剂水的相对密度，直至冷剂水的相对密度小于 1.02 为止。

**8. 防止与消除结晶**

在一定的浓度下，温度低于某一数值时，或者温度一定，浓度高于某一数值时，溴化锂溶液就要引起结晶。结晶后温度较高的浓溶液经 J 形管直接进入吸收器，使稀溶液温度升高。而稀溶液通过热交换器就可使结晶溶解。结晶初期一般经过 15min 左右即可消除。但结晶严重时，应用下列方法排除：

1）停运冷却塔风机，提高冷却水温度，并适当减少冷却水量，使稀溶液温度升高至 60℃左右。

2）适当加大高压发生器的溶液循环量。

3）降低蒸汽压力，减少高压发生器内冷剂水的蒸发量。

4）开真空泵抽气，直至储气室真空压力显示≤50Pa 为止。

5）打开冷剂水旁通阀，把冷剂水旁通入吸收器，使溶液的浓度降低。当冷剂泵开始出现汽蚀时，考虑到大部分冷剂水已旁通入吸收器，即把冷剂水旁通阀关闭。

6）停止溶液泵运行，待高温溶液通过稀溶液管流下后，再起动溶液泵，当溶液再往发生器加热时，又暂停泵的运转。如此反复操作，使在热交换器管内结晶的浓溶液，受发生器回来的高温溶液加热而溶解。

为使溶晶速度加快，可与下述溶晶方法结合起来使用，但需注意安全。

1）用蒸汽软管或喷灯对热交换器全面加热。

2）溶液泵内部结晶不能运行时，对泵壳、连接管道一起加热。

停机后溶液结晶的排除：

1）如果溶液管道内或者稀溶液囊内结晶，可用蒸汽或者其他热源对可能结晶的部位加

热，同时用木锤敲击，直至结晶消除。

2）加入冷剂水稀释溶液，使之在该环境下不产生结晶。

在运行管理过程中若发现机组溶液结晶，机组制冷量下降后，按表2-6逐步检查解决。

表2-6 溴化锂溶液的浓度与结晶温度

| 浓度（质量分数,%） | 56 | 58 | 60 | 64 | 65 | 66 | 68 | 70 |
|---|---|---|---|---|---|---|---|---|
| 结晶温度/℃ | -15 | 6.5 | 22.5 | 40.5 | 46.5 | 64 | 87.8 | 107.5 |

**9. 真空泵的管理**

真空泵是维持机组真空的重要设备，确保真空泵的可靠工作十分必要。

1）定期测试真空泵的抽气极限真空值，方法如下：关闭真空泵下抽气阀，起动真空泵，用麦式真空计从外用抽气阀测量，若高于30Pa，则要进行维修。

2）机组运行中，运转真空泵时应打开气针阀，抽除冷剂蒸气。

3）应经常检查真空泵油是否已乳化变白，若乳化变白则应更换真空泵油。

4）若带有真空泵电磁阀，还应经常检查真空泵电磁阀动作的可靠性与密封性。

**10. 运转过程中的水质管理**

冷却水的污染不仅影响热交换效率，而且影响到传热管的寿命，致使机组发生重大事故。因而机组运行初期应对冷却水质进行取样分析，水质标准及水处理参见第五单元。

**11. 溶液的管理**

机组运行一段时间后，缓蚀剂铬酸锂由于生成保护膜，导致损耗量较大。若浓度低于0.1%，应及时补充至0.3%。

## 四、机组及其水系统的停机

**1. 机组正常停机程序**

1）关闭加热蒸汽阀门，停止供气。

2）溶液泵、冷剂泵继续自动稀释，若在稀释过程中发生蒸发器冷剂水液位很低，冷剂泵吸空，应关闭冷剂泵。

3）溶液泵、冷剂泵运行20～30min，或者发生器浓溶液出口温度低于60℃，应依次停冷剂泵和溶液泵。

4）停止冷水泵、冷却水泵、冷却塔风机。

5）切断电气控制箱上的电源。

注意：当环境温度低于0℃，且停机时间较长时，应将蒸发器内的冷剂水旁通至吸收器，然后开启吸收器泵、发生器泵，运行10min左右，将溶液搅拌均匀。将系统内的水放尽，以防冻结。

**2. 机组紧急停机程序**

（1）机组报警停机

1）立即关闭热源手动截止阀，停止供气。

2）若机组正在抽气，应迅速关闭抽气阀门，以防止外界空气漏入系统中。

3）将溶液泵开关放到手动位置，报警开关放到报警位置。

4）检查停机报警原因，并及时排除故障。

5）按下机组复位开关，恢复机组正常运行。

（2）停电造成突然停机

1）立即关闭加热蒸汽阀门，停止供气。

2）关闭冷冻水阀和冷却水阀。

3）若机组正在抽气，应立即关闭抽气阀门，以防空气漏入系统中。

4）尽快恢复供电，如短时间（1h）内能恢复供电，溶液结晶可能性不大。若断电时间过长，应对机组进行紧急保温处理，提高环境温度，直至恢复供电。

## 五、常见故障的分析及解决方法

溴化锂冷水机组常见故障的分析及解决方法见表2-7。

表2-7 溴化锂冷水机组常见故障的分析及解决方法

| 常见故障 | 原因分析 | 解决方法 |
| --- | --- | --- |
| 机组无法起动 | 1. 控制箱电源断开<br>2. 控制箱熔丝熔断 | 1. 合上控制箱中控制开关及主空气开关<br>2. 检查回路接地或短路，换熔丝 |
| 起动运转时，发生器液面波动、偏低或偏高，吸收器液面随之而偏高或偏低（有时产生气蚀） | 1. 溶液调节阀开度不当，使溶液循环量偏小或偏大<br>2. 加热蒸汽压力不当，偏高或偏低<br>3. 冷却水温度低或高时，水量偏大或偏小<br>4. 机器内有不凝性气体，真空度未达到要求 | 1. 调整送往高、低压发生器的溶液循环量<br>2. 调整加热蒸汽的压力<br>3. 调整冷却水温度或水量<br>4. 起动真空泵，排除不凝性气体，使之达到真空度要求 |
| 制冷量低于设计值 | 1. 送往发生器的溶液循环量不当<br>2. 机器密封性不良，有空气漏入<br>3. 抽气不良<br>4. 喷淋管喷嘴堵塞<br>5. 传热管结垢<br>6. 冷剂水中溴化锂含量超过预定标准<br>7. 蒸汽压力过低<br>8. 冷剂水和溶液充注量不足<br>9. 溶液泵和冷剂泵有故障<br>10. 冷却水进口温度过高<br>11. 冷却水量或冷媒水量过小<br>12. 阻气排水器故障<br>13. 结晶<br>14. 能力增强剂不足 | 1. 调节送往发生器的溶液循环量，满足工况要求<br>2. 运转真空泵，并排除泄漏<br>3. 测定真空泵的抽气性能，并排除故障<br>4. 冲洗喷淋管喷嘴<br>5. 清洗传热管内的污垢与杂质<br>6. 测定冷剂水相对密度，当超过1.04时应进行再生<br>7. 调整蒸汽压力<br>8. 添加适当的冷剂水和溶液<br>9. 测量泵的电流，注意运转声音，检查故障，并加以排除<br>10. 检查冷却水系统，降低冷却水温度<br>11. 适当加大冷却水量或冷媒水量<br>12. 检修阻气排水器<br>13. 排除结晶<br>14. 添加能量增强剂 |

（续）

| 常见故障 | 原因分析 | 解决方法 |
|---|---|---|
| 结晶 | 1. 蒸汽压力高，浓溶液温度高<br>2. 溶液循环量不足，浓溶液浓度高<br>3. 漏入空气，制冷量降低<br>4. 冷却水温度急剧下降<br>5. 安全保护继电器有故障<br>6. 运转结束后，稀释不充分 | 1. 降低加热蒸汽压力<br>2. 加大送往发生器的溶液循环量<br>3. 运转真空泵，抽除不凝性气体，并消除泄漏<br>4. 提高冷却水温度或减少冷却水量，并检查冷却塔及冷却水循环系统<br>5. 检查溶液高温、冷剂水防冻结等安全保护继电器，并调整至给定值<br>6. 延长稀释循环时间，检查并调整时间继电器或温度继电器给定值，并在稀释运转的同时，通以冷却水 |
| 冷剂水中含有溴化锂溶液 | 1. 送往发生器的溶液循环量过大，或发生器中液位过高<br>2. 加热蒸汽压力过高<br>3. 冷却水温度过低或水量调节阀有故障<br>4. 运转中由冷凝器抽气 | 1. 调节溶液循环量，降低发生器液位<br>2. 降低加热蒸汽压力<br>3. 提高冷却水温度并检修水量调节阀<br>4. 停止从冷凝器中抽气 |
| 浓溶液温度高 | 1. 蒸汽压力过高<br>2. 机内漏入空气<br>3. 溶液循环量少 | 1. 调整减压阀，压力维持在给定值<br>2. 运转真空泵并排除泄漏<br>3. 加大溶液循环量 |
| 冷剂水温度低 | 1. 低负荷时，蒸汽阀开度比规定的大<br>2. 冷却水温度过低或水量调节阀有故障<br>3. 冷媒水量不足 | 1. 关小蒸汽阀并检查蒸汽阀开度大的原因<br>2. 提高冷却水温度，并检修水量调节阀<br>3. 检查冷媒水量与冷媒水循环系统 |
| 冷媒水出口温度越来越高 | 1. 外界负荷大于制冷能力<br>2. 机组制冷能力降低<br>3. 冷媒水量过大 | 1. 适当降低外界负荷<br>2. 见制冷量低于设计值时的解决方法<br>3. 适当降低冷媒水量 |
| 运转中突然停机 | 1. 断电<br>2. 溶液泵或冷剂泵出现故障<br>3. 冷却水与冷媒水断水<br>4. 防冻结的低温继电器动作 | 1. 检查电源，排除故障，继续供电<br>2. 检查溶液泵或冷剂泵，排除故障或进行更换<br>3. 检查冷却水与冷媒水系统，恢复供水<br>4. 检查低温继电器刻度，调整至适当位置 |

（续）

| 常见故障 | | 原因分析 | 解决方法 |
|---|---|---|---|
| 真空泵抽气能力下降 | 真空泵有故障 | 1. 排气阀损坏<br>2. 旋片弹簧失去弹性或断折，旋片不能紧密接触定子内腔，旋转时有撞击声<br>3. 泵内脏及抽气系统内部严重污染 | 1. 更换排气阀<br>2. 更换弹簧<br><br><br>3. 拆开清洗 |
| | 真空泵中混入大量制冷剂，油呈乳白色，黏度下降，抽气效果降低 | 1. 抽气管位置布置不当<br>2. 冷剂分离器中喷嘴堵塞或冷却水中断 | 1. 更换抽气管位置，应在吸收器管族下方抽气<br>2. 清洗喷嘴，检查冷却水系统 |
| | 冷剂分离器中结晶 | | 清除结晶 |
| 自动抽气装置运转不正常 | | 1. 溶液泵出口无溶液送至自动抽气装置<br>2. 抽气装置结晶 | 1. 检查阀门是否处于正常状态<br>2. 消除结晶 |
| 机组因安全装置而停机 | | 1. 电动机因过载而不转<br>2. 屏蔽泵因过载而损坏<br><br><br>3. 冷剂水低温继电器不动作<br>4. 安全保护装置动作而停机 | 1. 使过载继电器复位<br>2. 寻找原因，若是泵气蚀，则加入溶液或冷剂水；若是泵内部结晶，则熔晶；若是泵壳温度过高，则应采取冷却措施<br>3. 检查温度继电器动作的给定值，重新调整<br>4. 寻找原因，若继电器的给定值设置不当，则重新调整 |

## 课题六　冷水机组的维护保养

冷水机组维护保养工作做得如何，对机组的性能和寿命有很大影响。而空调用冷水机组由于其工作的周期性强，可以有长短不同的运行间歇时间，因此为做好机组的维护保养工作提供了充分的时间。

冷水机组的运行间歇可分为日常停机（或短期停机）和年度停机（或称长期停机，一般需停机一段较长的时间，如一个冬季）。在不同性质的停机期间，维护保养的范围、内容、深度及要求各不相同。

### 一、压缩式冷水机组的维护保养

以离心式机组为例进行介绍，其他类型的机组可供参考。

**1. 日常停机时的维护保养**

日常停机期间，离心式机组应做好以下维护保养工作：

1）检查机组内的油位高度，油量不足时应立即补充。

2）检查油加热器是否处于"自动"加热状态，油箱内的油温是否控制在规定温度范围内。如果达不到要求，应立即查明原因，进行处理。

3）检查制冷剂液位高度，结合机组运行时的情况，如果表明系统内制冷剂不足，则应及时予以补充。

4）检查判断系统内是否有空气，如果有，要及时排放。

5）给导叶控制联动装置中的轴承、导叶操作轴、球连接和支点加润滑油。

6）有抽气回收装置的，要检查轴封处有无渗漏；如果抽气回收装置起动频繁，且有大量空气排出，就可能是轴封处发生泄漏；如果抽气回收装置长期未用，可短时开动（每天或隔几天运转 15～20min），以使压缩机得以润滑。

**2. 年度停机时的维护保养**

离心式机组在年度停机期间，主要应从以下各个方面做好相关维护保养工作：

（1）机组断电情况下的维护保养

1）压缩机电动机。

①检查并紧固压缩机电动机电源接线端子。

②检测电动机三相线圈温度传感器电阻值。

③检测电动机三相线圈绝缘阻抗。

④清洁电动机接线端子箱。

2）压缩机电动机起动器箱。

①检查并紧固起动器箱内所有电源接线端子。

②检查并紧固起动器箱内所有控制接线端子。

③检测起动器箱内所有其他电气装置。

④检测三相电流互感器线圈阻值。

⑤检查起动器箱内所有电磁接触器触点状态，清洁触点、线圈、衔铁等部件。

⑥清洁起动器箱。

3）润滑系统。

①润滑所有导叶连杆传动部分。

②用原厂测试剂测试润滑油品质（酸度）。

③更换油过滤器。

④更换润滑油（根据油质情况决定是否更换）。

⑤检查油加热器和加热器套管状态。

⑥检查油加热器阻值。

⑦检测并紧固油泵电动机电源接线端子。

⑧检测油泵电动机线圈阻值。

⑨清洁润滑系统。

4）机组控制机械部分。

①检查导叶连杆机构。

②检查并调整冷却水及冷冻水流量和压差开关。

③清洁机组显示控制箱。

5）制冷剂回收与机组检漏。

① 使用专用制冷剂回收装置回收机组中的制冷剂。

② 对机组充氮气并进行检漏测试。

③ 对机组进行真空测试。

（2）机组通电情况下的维护保养

1）压缩机电动机起动器箱。

① 测量供电电源相间电压。

② 测量控制电源变压器和起动模块电源变压器的二次电压。

2）机组控制及保护电路系统。

① 检测导叶步进电动机。

② 检查并校准冷冻水和冷却水的进出水温度传感器。

③ 检查并校准油温传感器。

④ 检查并校准排气温度传感器。

⑤ 检查并校准电动机线圈温度传感器。

⑥ 检查并校准蒸发器和冷凝器的制冷剂温度传感器。

⑦ 检查油箱压力传感器。

⑧ 检查排油压力传感器。

⑨ 检查冷冻水和冷却水的进出水压力传感器。

⑩ 校正并调整机组设定参数。

（3）机组停机后的维护保养

1）对生锈处除锈并补漆。

2）修补或更换损坏的绝热层。

3）经检查冷凝器的水管中有污垢时要清洗污垢。

4）每周一次手动操作油泵运行 10min。对于 R11 和 R123 的机组还要每两周运行抽气回收装置 30min 和 2h，防止空气和不凝性气体在机组中聚积。

5）每 3 年清洗一次蒸发器中的水管。

6）在停机过冬时，如果有可能发生水冻结的情况，则要将冷凝器和蒸发器中的水全部排放干净。

（4）抽气装置的维护保养（有抽气回收装置的机组）

1）检测抽气系统压缩机电动机线圈阻值（即绝缘阻抗）。

2）检测制冷剂水分指示器。

3）更换抽气装置干燥过滤器。

4）清洁抽气系统冷凝盘管翅片。

5）清洁抽气系统。

如果是 R11 机组需长期停机，则应放空机组内的制冷剂和润滑油，并充注 0.03 ~ 0.05MPa（表压）的氮气，关闭电源开关和油加热器。

## 二、溴化锂吸收式冷水机组的维护保养

### 1. 短期停机的保养

所谓短期停机，是指停机时间为 1 ~ 2 周。此时的保养工作是：一方面将机器内的溴化

锂溶液充分稀释；另一方面注意保持机器内的真空度，若真空度降低，应随时起动真空泵，抽除空气。

**2. 长期停机的保养**

长期停机时，应将蒸发器冷剂水全部旁通至吸收器，使溶液均匀稀释，以防止在环境温度下结晶。为减轻溶液对机器的腐蚀，最好将机器内的溶液放至储液器中，然后在机器内充以 0.02MPa 的氮气。无储液器时，溶液可储存于机器中，但也应充以 0.02MPa 的氮气。此外，还应将发生器、冷凝器、蒸发器和吸收器封头箱内的积水排尽，所有的电气设备和自动化仪表应注意防止受潮。

机组运行初期，首先要对各设备的液位进行调整，特别是要对溴化锂溶液的液位进行调整，否则机组无法正常运行。溴化锂吸收式机组中的液位调整包括高压发生器、低压发生器、吸收器中的溴化锂溶液液位的调整和蒸发器中冷剂水液位的调整，液位调整又有手动调节和自动调节两种方式。调整溶液液位前，应先调节发生器的液位，待其调整到规定值并且稳定后，再进行吸收器中液位的调整。

（1）发生器的液位调整　如果发生器液位过高，溶液就会从折流板的上部直接进入发生器溶液出口管，使机组能力下降。若发生器液位过低，则发生器出口溶液质量分数过高，易产生结晶，同时，发生器液位过低，随着溶液沸腾，冷剂蒸气夹带着溴化锂液滴一起向上冲击传热管，特别是在高压发生器中，溶液温度高，沸腾又剧烈，形成强烈的冲刷腐蚀，易使发生器传热管产生点状侵蚀，甚至会使传热管发生穿孔事故。

1）高压发生器的液位调整。

① 手动调节。高压发生器液位调整的手动方式，就是调节溶液泵出口处溶液调节阀的开度，从而控制送到发生器的稀溶液流量，使发生器的溶液液位至传热管顶排附近。

② 自动调节。高压发生器的液位自动调节是指在发生器溶液出口壳体上装有液位计，或在高压发生器浓溶液出口外装浮球阀，自动调节溶液液位。

2）低压发生器液位的调整。低压发生器的液位调整一般都是手动进行的，而且一旦低压发生器液位调定之后，一般机组在运行过程中液位波动不大，这是因为低压发生器压力变化不大。由于冷却水温度变化不大，因此冷凝压力变化有限，而低压发生器压力又与冷凝压力基本相同。因此，在低压发生器液位调到规定值之后，一般不需再调节。

由于双效溴化锂机组的溶液流动方式不同，故低压发生器液位调节方法也不相同。对于并联流程，应调节溶液泵出口进入低压发生器管路上的调节阀；对于串联流程，应调节从高压发生器出口经热交换器进入低压发生器管路上的调节阀，对于串浸式低压发生器，调节并入低压发生器进口管上溶液调节阀，使发生器液位至顶排传热管。

（2）吸收器液位的调整　一般吸收器液位调至其液囊上视镜的上部可视位置为宜。若吸收器液位过高，则要通过排液阀放出；若液位过低，则机组要加入溴化锂溶液。

（3）蒸发器的液位调整　若机组蒸发器上装有两个视镜，即高液位视镜和低液位视镜，只要将蒸发器中冷剂水的液位调节在两视镜之间，既不超过高位视镜，又可从低位视镜看到冷剂液位即可，否则要进行液位调整。蒸发器水盘上有溢流口或装有溢流管，从视镜上看出蒸发器溢流口（或溢流管）是否有溢流，若发生溢流，则说明冷剂水过多，此时要从系统中抽出部分冷剂水。若蒸发器的冷剂水减少，则可能导致冷剂泵吸空，此时要从外界补充冷剂水。

目前很多机组均装有冷剂储存器。当蒸发器液囊中的冷剂水不足时，可通过冷剂储存器补给，过剩时，可通过冷剂储存器加以储存。

## 【单元小结】

冷水机组为满足空调工况的要求，均应具有相同的运行参数，弄清运行参数的特点及其规律性，对运行管理具有重要意义。为了保证冷水机组在起动和运行时都能处于良好状态，不论是活塞式、离心式冷水机组，还是螺杆式冷水机组，也不管是日常开机还是年度开机运行，在开机前都必须根据各自的特点和要求，做好相关的检查与准备工作。对于目前广泛使用的水冷式冷水机组来说，必须在冷冻水和冷却水系统均起动运行，其水循环建立起来以后才能起动冷水机组，以确保冷水机组的部件在起动时不会因缺水或少水而损坏。运行管理人员应该熟知不同类型和不同品牌冷水机组运行参数的正常值范围，以便在机组实际运行时进行对比。当不正常时，要分析、查找原因，对机组进行必要的调节或维护保养。冷水机组可以手动停机也可以自动停机，自动停机有可能是机组输出的冷冻水温度低于设定值时的正常停机，也可能是机组出现故障时的保护停机。只有冷水机组停机以后才能分别停止冷却水和滞后一段时间停止冷冻水系统的运行。对冷水机组的故障处理不能草率行事，要从故障的现象和发生过程着手，通过分析，诊断出原因，再确定最佳维修方案，实施维修后还要进行必要的检查与总结。在冷水机组不同性质的停机期间，根据范围、内容、深度及要求的不同做好不同内容的维护保养，以保障冷水机组安全、经济、无故障地运行。

# 实训一  活塞式冷水机组的运行管理

## 一、实训目的

1）掌握活塞式冷水机组的组成。
2）了解和掌握活塞式冷水机组的正常运行相关参数。
3）正确操作活塞式冷水机组。

## 二、实训内容和步骤

（1）活塞式冷水机组开机前的检查与准备
1）检查每台压缩机的油位和油温。
2）检查主电源的电压和电流。
3）起动冷冻水泵和冷却水泵。
4）检查冷冻水供水温度的设定值。
（2）活塞式冷水机组及其水系统的起动
1）接通主电源。
2）将"冷/暖"选择开关置于所需位置。
3）起动空气处理设备（如新风机、组合式空调机组等）的风机。
4）起动冷冻水泵，并调节水泵出口阀开度和蒸发器的供、回水阀的开度。
5）15s后，起动冷却水泵，调节出口阀开度和冷凝器进、出水阀的开度。
6）15s后起动冷却塔风机。

7）起动制冷压缩机，使其投入运行，操作人员进行定期检查，并做好记录。

（3）活塞式冷水机组的运行管理　对以下内容进行检查并调节到正常工作状态：

1）电动机的工作电流、电压。

2）电磁阀是否打开。

3）压缩机内有无敲击声。

4）压缩机各摩擦部位的温度。

5）油温。

6）曲轴箱内冷冻油的工作状态。

7）油压差。

8）蒸发压力。

9）压缩机吸气温度。

10）压缩机冷凝压力。

11）压缩机的排气温度。

12）冷却水压差。

13）冷凝温度。

14）干燥过滤器。

15）阀体。

16）压缩机及制冷系统各连接处。

17）高低压控制器、油压差控制器、温度控制器。

（4）活塞式冷水机组及其水系统的停机

1）关闭制冷系统的供液阀（即冷凝器或储液器的出液阀）。

2）关闭吸气阀，关停压缩机，并关闭排气阀。

3）停止冷却水泵、冷却塔风机。

4）停止冷冻水泵。

## 三、注意事项

1）注意人身和机组安全，未经许可不得乱动按钮开关。

2）按正常操作步骤操作，不得随意更换操作顺序。

## 四、实训报告

1）列出所记录的相关数据，与活塞式冷水机组正常运转参数做比较。

2）说明所做出的运行调节的理由、方法。

3）记录并完成运行记录表。

# 实训二　离心式冷水机组的运行管理

## 一、实训目的

1）掌握离心式冷水机组的组成。

2）了解和掌握离心式冷水机组的正常运行相关参数。

3）正确操作离心式冷水机组。

## 二、实训内容和步骤

**1. 离心式冷水机组开机前的检查与准备**

1）检查主电源、控制电源、控制柜、起动柜之间的电气控制电路，确认接线正确无误。

2）检查控制系统中各调节项目、保护项目、延时项目等的控制设定值，它们均应符合技术说明书中规定的要求，并且要动作灵活、正确。

3）检查机组油槽的油位，要求该油位处于视油镜的中央位置。

4）油槽底部的电加热器应处于自动调节油温的位置，油温应控制在 50～60℃ 范围内。

5）开启油泵后调整油压至 0.2～0.3MPa。

6）检查蒸发器视液镜中的液位，看是否达到规定值。

7）起动抽气回收装置，使其运转 5～10min，并观察其电动机的旋转方向。

8）检查蒸发器、冷凝器进、出水管的连接是否正确，管路是否畅通，冷媒水、冷却水系统中的水是否注满，以及冷却塔风机能否正常工作。

9）将压缩机的进口导叶调至全封闭状态，能量调节阀处于"手动"状态。

10）起动蒸发器的冷媒水泵，调整冷媒水系统的水量并排出其中的空气。

11）启动冷凝器的冷却水泵，调整冷却水系统的水量并排出其中的空气。

12）检查控制柜上各仪表指示值是否正常，指示灯是否亮。

13）抽气回收装置未投入运转或机组处于真空状态时，它与蒸发器、冷凝器顶部相通的两个波纹管阀门均应关闭。

14）检查润滑油系统各阀门应处于规定的启闭状态，即高位水箱和油泵油箱的上部与压缩机进口相通的气相管路应处于贯通状态，润滑油引射装置两端的波纹管应处于暂时关闭状态。

15）检查浮球阀是否处于关闭状态。

16）检查主电动机冷却供液与回液管路上的波纹管和抽气回收装置，使回收冷却供液与回液管路的波纹管等供应制冷剂的阀门处于开启状态。

17）检查各引压管路阀门，检查压缩机及主电动机气封引压阀门等是否处于全开状态。

**2. 离心式冷水机组及其水系统的起动**

1）把操作盘上的起动开关置于起动位置。

2）机组起动后要注意电流表指针的摆动情况，监听机器内部有无异常响声，以及检查增速器油压上升情况和各处油压。

3）当电流稳定后，慢慢开启进口导叶，注意不要使电流超过正常值。

4）调节冷却水量，保持油温在规定范围内。

5）检查浮球阀的动作情况。

6）起动完毕，机组进入正常运行时，操作人员还必须进行定期检查，并做好记录。

**3. 离心式冷水机组的运行管理**

对以下内容进行检查并调节到正常工作状态：

1）压缩机吸、排气温度。

2）油温、油压差、油泵轴承温度。

3）检查并调节水泵出口阀门及冷凝器、蒸发器的进水阀门，将冷却水、冷媒水压力控制在要求的范围内。

4）冷凝压力。

5）冷凝温度、冷凝器进水温度、蒸发温度、冷媒水出水温度。

6）电流表的读数。

7）机组运行声音均匀、平稳，听不到喘振或其他异常声响。

**4. 离心式冷水机组及其水系统的停机**

1）进口导叶关小到30%，使机组处于减载状态。

2）按下主机停止开关。

3）切断油泵、冷却水泵、冷却塔风机、油冷却器和冷冻水泵的电源。

4）切断主机电源，保留控制电源以保证冷冻机油的加温需求。

5）关闭抽气回收装置与冷凝器、蒸发器相通的波纹管阀、小活塞压缩机的加油阀、主电动机、回油冷凝器、油冷却器等的供应制冷剂的液阀以及抽气回收装置上的冷却水阀等。

6）检查一下导叶的关闭情况，必须确认处于全关闭状态。

7）做好运行记录。

## 三、注意事项

1）注意人身和机组安全，未经许可不得乱动按钮开关。

2）按正常操作步骤操作，不得随意更换操作顺序。

3）停机后，主电动机的供油、回油管路仍应保持畅通，油路系统中的各阀一律不得关闭。

4）停机后除向油槽进行加热的供电和控制电路外，机组的其他电路应一律切断，以保证停机安全。

5）检查蒸发器内制冷剂的液位高度，应比机组运行前略低或基本相同。

## 四、实训报告

1）列出所记录的相关数据，与离心式冷水机组正常运转参数做比较。

2）记录并完成运行记录表。

3）对运行管理过程中所做的调节处理进行说明。

# 实训三　螺杆式冷水机组的运行管理

## 一、实训目的

1）掌握螺杆式冷水机组的组成。

2）了解和掌握螺杆式冷水机组的正常运行相关参数。

3）正确操作螺杆式冷水机组。

## 二、实训内容和步骤

**1. 螺杆式冷水机组开机前的检查与准备**

1）调整高、低压压力值和压差继电器。

2）检查机组中各有关开关装置是否处于正常位置。

3）检查油位。

4）检查相应阀门的开关状态。

5）检查机组供电电源的电压。

**2. 螺杆式冷水机组及其水系统的起动**

1）开电源开关。

2）起动冷却水泵、冷却塔风机和冷媒水泵。

3）检测润滑油温度，或开电加热器。

4）将能量调节控制阀置于减载位置，并确定滑阀处于零位。

5）调节油压调节阀。

6）起动压缩机，起动控制电源开关，打开压缩机吸气阀。

7）调整润滑油压力。

8）起动供液管路电磁阀，将能量调节装置置于加载位置，调节吸气压力。

9）断开电加热器的电源，同时打开油冷却器的冷却水的进、出口阀，控制油温。

10）若冷却水温较低，可暂时将冷却塔的风机关闭。

11）将喷油阀开启 $1/2 \sim 1$ 圈，使吸气阀和机组的出液阀处于全开位置。

12）调节能量调节装置，调节膨胀阀保证吸气过热度。

13）起动完毕，机组进入正常运行时，操作人员进行定期检查，并做好记录。

**3. 螺杆式冷水机组的运行管理**

对以下内容进行检查并调节到正常工作状态：

1）冷媒水泵、冷却水泵、冷却塔风机运行时的声音、振动情况，水泵的出口压力、水温等工作参数。

2）润滑油的温度、压力、油位。

3）压缩机吸气压力。

4）压缩机的排气压力、排气温度。

5）电动机的运行电流。

6）压缩机运行时的声音、振动情况。

**4. 螺杆式冷水机组及其水系统的停机**

1）转动能量调节阀，使滑阀回到零位。

2）关闭冷凝器至蒸发器之间供液管路上的电磁出液阀。

3）使压缩机停止运行，同时关闭吸气阀。

4）待滑阀退移到零位时关闭油泵。

5）将能量调节装置置于"停止"位置。

6）关闭油冷却器的冷却水进水阀。

7）使冷却水泵、冷却水塔风机停止运行。

8）使冷冻水泵停止运行。

9）关闭总电源。

### 三、注意事项

1）注意人身和机组安全，未经许可不得乱动按钮开关。

2）按正常操作步骤操作，不得随意更换操作顺序。

3）经常观察吸气压力、排气压力、排气温度、电动机轴承温度、润滑油温度、喷油压力等运转参数。

4）因某个联锁保护动作而使主机自动停车时，一定要待查明事故原因后方可再次开车，绝不允许随意改变联锁保护调定值使螺杆机组重新起动。

5）螺杆式制冷机组正常停车时绝不允许转子发生反转，否则会使主动转子和从动转子之间的压紧螺母松动，导致转子移动而发生事故。

### 四、实训报告

1）列出所记录的相关数据，与螺杆式冷水机组正常运转参数做比较。

2）说明所做出的运行调节的理由、方法。

3）记录并完成运行记录表。

## 实训四　溴化锂冷水机组的运行管理

### 一、实训目的

1）掌握溴化锂冷水机组的组成及工作原理。

2）了解和掌握溴化锂冷水机组的正常运行相关参数。

3）正确操作溴化锂冷水机组。

### 二、实训内容和步骤

**1. 外部系统的检查**

检查冷水泵、冷却水泵、冷却塔及风机的运转是否正常，运转参数是否达到设计要求，以及管路连接处是否有漏气、漏水现象。

**2. 机组气密性的检查**

1）压力找漏。往机组内充入 0.08~0.10MPa 压力的氮气（对已注入过溴化锂溶液的机组）或无油压缩空气，对焊缝、阀门、法兰密封面、视镜等可能泄漏的部位涂以肥皂水，有泡沫产生并扩大的部位就有泄漏。

2）真空检验。用真空泵把机组内的压力抽到 65Pa 以下，停真空泵 24h 后，机组内的绝对压力上升值不应超过 5Pa。

**3. 电控柜内元器件的检查**

检查电控柜内元器件是否完好，接线是否正确，以及各设定值是否符合要求。

**4. 加注溶液（略）**

**5. 充注冷剂水（略）**

**6. 起动机组及其水系统**

1）起动冷却水泵、冷冻水泵及冷却塔风机，打开冷却水泵及冷冻水泵排出阀，打开水路系统上的放气阀。

2）接通机组电源。

3）起动溶液泵。

4）打开凝水排放阀、放水阀，放尽凝水系统的凝水。

5）打开蒸汽截止阀，调整减压阀，调整进入机组的蒸汽压力达到规定值。

6）起动冷剂泵。

7）起动完毕，机组进入正常运行时，操作人员进行定期检查，并做好记录。

8）起动真空泵，抽出机组中残余的不凝性气体。

**7. 溴化锂冷水机组的运行管理**

1）溶液循环量的调整。

2）冷剂水和溶液的取样与测量。

3）抽真空。

4）消除结晶。

5）加缓蚀剂。

**8. 停机**

## 三、注意事项

1）注意人身和机组安全，未经许可不得乱动按钮开关。

2）按正常操作步骤操作，不得随意更换操作顺序。

## 四、实训报告

1）列出所记录的相关数据，与溴化锂冷水机组正常运转参数做比较。

2）记录并完成运行记录表。

## 思 考 与 练 习

1. 简述冷水机组及其水系统的起动顺序。

2. 哪些方面的情况可以帮助判断冷水机组运行是否正常？

3. 冷水机组的停机有哪几种形式？自动停机与故障停机有什么区别与联系？

4. 冷水机组的日常维护保养与年度维护保养的工作内容主要有哪些方面？

5. 简述溴化锂吸收式制冷机组的气密性试验的操作方法。

6. 简述溴化锂吸收式制冷机组气密性试验后清洗的目的和方法。

7. 如何给溴化锂吸收式制冷机组进行溶液的充注和取出？

8. 如何给溴化锂吸收式制冷机组进行冷剂水的充注与取出？

9. 简述溴化锂吸收式制冷机组冷剂水再生的方法。

10. 如何对真空泵进行管理？

11. 简述溴化锂吸收式制冷机组的起动操作顺序。

12. 压缩式冷水机组日常停机如何维护保养？

13. 如何防止和消除溴化锂吸收式制冷机组的结晶？

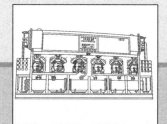

# 单元三

## 空调辅助设备的运行管理与维护保养

【学习引导】

**目的与要求**

➥ 掌握风机、水泵、冷却塔的运行管理与维护保养。

➥ 熟悉风机、水泵、冷却塔常见问题和故障的分析及解决方法。

**重点与难点**

重点：风机、水泵、冷却塔的运行管理与维护保养。

难点：风机、水泵、冷却塔常见问题和故障的分析及解决方法。

### 课题一　风机的运行管理

在制冷与空调行业中，常用风机来使室内空气按一定流速、流向强制流动，使制冷与空调设备达到更好的换热效能，在中央空调系统各组成设备中用到的风机主要是离心通风机

（简称离心风机，图3-1）和轴流通风机（简称轴流风机，俗称风扇，图3-2）。通常空气热湿处理设备（如柜式风机盘管、组合式空调机组、单元式空调机及小型风机盘管）采用的都是离心式风机。轴流风机主要用于冷却塔和风冷型单元式空调机的风冷冷凝器中，本部分主要讨论离心风机，轴流风机可做参考。

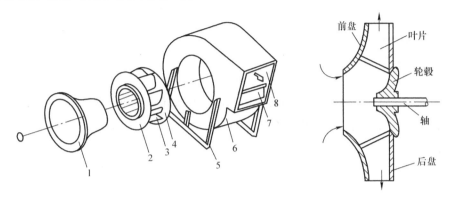

图 3-1 离心风机结构示意图

1—吸入口 2—叶轮前盘 3—叶片 4—后盘 5—支架 6—机壳 7—截流板 8—出口

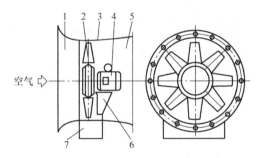

图 3-2 轴流通风机的典型结构示意图

1—进风口 2—叶轮 3—圆筒形外壳 4—电动机 5—扩压筒 6—机架 7—支架

离心风机工作时，由电动机带动叶轮旋转，叶轮中的叶片迫使气体旋转，对气体做功，使其能量增加，气体在离心力的作用下向叶轮四周甩出，通过机壳将速度能转换成压力能，当叶轮内的气体排出后，叶轮内的压力低于进风管内压力，新的气体在压差的作用下吸入叶轮，气体连续不断地吸入、排出。

## 一、检查与维护保养

风机的检查分为停机检查和运行检查，检查时风机的状态不同，检查的内容也不同。风机的维护保养工作一般在停机期间进行。

### 1. 停机检查及维护保养

风机停机可分为日常停机（如白天使用，夜晚停机）或季节性停机（如每年4至11月份使用，12月至次年3月份停机）。从维护保养的角度出发，停机期间（特别是日常停机）应做好以下几个方面的工作：

（1）传动带松紧度检查 对于连续运行的风机，必须定期（一般一个月）停机检查调整一次；对于间歇运行（如一天运行 10h 左右）的风机，则在停机不用时进行检查与调整工作，一般也是一个月进行一次。

（2）各连接螺栓与螺母紧固情况检查 在进行上述传动带松紧度检查时，同时还要进行风机与基础或机架、风机与电动机以及风机自身各部分（主要是外部）连接螺栓与螺母是否松动的检查与紧固工作。

（3）减振装置受力情况检查 在日常运行值班时要注意检查减振装置是否发挥了作用，是否工作正常。

（4）轴承润滑情况检查 风机如果常年运行，其轴承中的润滑脂应半年左右更换一次；如果只是季节性使用，则一年更换一次。

**2. 运行检查**

风机有些问题和故障只有在运行时才会反映出来。风机在运转并不表示它的一切工作正常，运行管理人员需要通过"一看、二听、三查、四闻"等手段去检查风机的运行是否存在问题和故障，因此，运行检查工作是不能忽视的一项重要工作。其主要检查内容有：

"一看"是看电动机的运转电流、电压是否正常，振动是否正常。

"二听"是听风机和电动机的运行声音是否正常。

"三查"是查看风机和电动机轴承温升情况（不超过 60℃）及轴承润滑情况。

"四闻"是检查风机和电动机在运行中是否有异味产生。

风机在运转过程中如果出现异常情况，特别是运转电流过大、电压不稳、异常振动或有焦糊味时，应立即停机，进行检查处理。故障排除后才可继续运行。严禁风机带故障运行，以免酿成重大事故。

**3. 起动注意事项**

1）严格遵守风机起动的操作规程。

2）对于多风机系统，应按顺序逐台起动风机。当前面的风机运行正常后，再起动下一台风机。

3）起动风机后，检查风机叶轮的旋转方向。如发现倒转须待叶轮停止后才能再次起动。

4）为了保证电动机安全起动，应将离心风机进口阀门全部关闭后起动，待风机达到正常工作转速后再将阀门逐渐打开，避免因起动负荷过大而危及电动机的安全运转。轴流风机无此特点，因此不宜关闭起动。

## 二、运行调节

风机的运行调节主要是改变其输出的空气流量，以满足相应的变风量要求。调节方式可以分为两大类：一类是风机转速改变的变速调节，另一类是风机转速不变的恒速调节。

**1. 风机变速风量调节**

常用的风机变速风量调节主要是改变电动机转速和改变风机与电动机间的传动关系。

（1）改变电动机转速　常用的电动机调速方法按效率高低顺序排列有：

1）变极对数调速。

2）变频调速、串级调速、无换向器电动机调速。

3）转子串电阻调速、转子斩波调速、调压调速、涡流（感应）制动器调速。

（2）改变风机与电动机间的传动关系　常用的方法有：

1）更换传动带轮。

2）调节齿轮变速器。

3）调节液力耦合器。

更换传动带轮和调节齿轮变速器两种调节方法是不能连续进行的，需要停机，其中更换带轮调节风量更麻烦，需要做传动部件的拆装工作。液力偶合器可以根据需要随时进行风量的调节，但作为一个专门的调节装置，需要投入专项资金另外配置。

由于在中央空调系统中使用的风机一般都是随机配置在空气处理机组、单元式空调机、冷却塔、风冷冷凝器等设备中的，因此，是否能进行风量调节取决于这些设备制造厂家是否在设备上配置了有关调节装置。目前在上述设备中，风机变速风量调节用得较多的主要是小型风机盘管。

**2. 风机恒速风量调节**

风机恒速风量调节即保持风机转速不变的风量调节方式，其主要方法有：

（1）改变叶片角度　改变叶片角度是通过改变叶片的安装角度来进行风机风量调节，只适用于轴流风机的定转速风量调节方法。由于叶片角度通常只有在停机时才能进行调节，调起来很麻烦，而且为了保持风机效率不致太低，这个角度的调节范围较小，再加上小型轴流风机的叶片一般都是固定的，因此，该调节方法的使用受到很大限制。

（2）调节进口导流器　调节进口导流器是通过改变安装在风机进口的导流器叶片角度，使进入叶轮的气流方向发生变化，从而使风机风量发生改变的调节方法。导流器调节主要用于轴流风机，并且可以进行不停机的无级调节。从节省功率的情况来看，虽然不如变速调节，但比阀门调节要有利得多，从调节的方便性、适用情况来看，又比风机叶片角度调节优越得多。

### 三、常见问题和故障的分析与解决方法

风机常见故障的分析及解决方法见表 3-1。

表 3-1　风机常见故障的分析及解决方法

| 问题或故障 | 原因分析 | 解决方法 |
|---|---|---|
| 电动机温升过高 | 1. 流量超过额定值<br>2. 电动机或电源方面的故障 | 1. 关小风量调节阀<br>2. 查找电动机和电源方面的原因 |
| 轴承温升过高 | 1. 润滑油（脂）不够<br>2. 润滑油（脂）质量不良<br>3. 风机轴与电动机轴不同心<br>4. 轴承损坏<br>5. 两轴承不同心 | 1. 加足润滑油（脂）<br>2. 清洗轴承后更换合格润滑油（脂）<br>3. 调整同轴度<br>4. 更换<br>5. 找正 |

（续）

| 问题或故障 | 原 因 分 析 | 解 决 方 法 |
|---|---|---|
| 传动带方面的问题 | 1. 传动带过松（跳动）或过紧<br>2. 多条传动带传动时，松紧不一<br>3. 传动带易自己脱落<br>4. 传动带擦碰带保护罩<br>5. 传动带磨损、油腻或脏污 | 1. 张紧或放松<br>2. 全部更换<br>3. 将两带轮对应的带槽调整到一条直线上<br>4. 张紧传动带或调整保护罩<br>5. 更换 |
| 振动过大 | 1. 地脚螺栓或其他连接螺栓的螺母松动<br>2. 轴承磨损或松动<br>3. 风机轴与电动机轴不同心<br>4. 叶轮与轴的连接松动<br>5. 叶片重量不对称或部分叶片磨损、腐蚀<br>6. 叶片上附有不均匀的附着物<br>7. 叶轮上的平衡块重量或位置不对<br>8. 风机与电动机两带轮的轴不平衡 | 1. 拧紧<br>2. 更换或调紧<br>3. 调整同轴度<br>4. 紧固<br>5. 调整平衡或更换叶片或叶轮<br>6. 清洁<br>7. 进行平衡校正<br>8. 调整平衡 |
| 噪声过大 | 1. 叶轮与进风口或机壳摩擦<br>2. 轴承部件磨损，间隙过大<br>3. 转速过高 | 1. 参见本表有关条目<br>2. 更换或调整<br>3. 降低转速或更换风机 |
| 叶轮与进风口或机壳摩擦 | 1. 轴承在轴承座中松动<br>2. 叶轮中心未在进风口中心<br>3. 叶轮与轴的连接松动<br>4. 叶轮变形 | 1. 紧固<br>2. 查明原因，调整<br>3. 紧固<br>4. 更换 |
| 出风量偏小 | 1. 叶轮旋转方向反了<br>2. 阀门开度不够<br>3. 传动带过松<br>4. 转速不够<br>5. 进风或出风口、管道堵塞<br>6. 叶轮与轴的连接松动<br>7. 叶轮与进风口间隙过大<br>8. 风机制造质量问题，达不到铭牌上标定的额定风量 | 1. 调换电动机任意两根接线位置<br>2. 开大到合适开度<br>3. 张紧或更换<br>4. 检查电压、轴承<br>5. 清除堵塞物<br>6. 紧固<br>7. 调整到合适间隙<br>8. 更换合适风机 |

## 课题二 水泵的运行管理

在中央空调系统的水系统中，无论是冷却水系统还是冷冻水系统，驱动水循环流动所采用的水泵绝大多数是各种卧式单级单吸离心泵（图3-3）或双吸泵（简称离心泵，图3-4），只有极少数的小型水系统采用管道离心泵（属于立式单吸泵，简称管道泵，图3-5）。

这两种水泵的工作原理相同（图3-5），当叶轮高速转动时，叶片促使水很快旋转，旋转着的水在离心力的作用下从叶轮中流出，泵内的水被抛出后，叶轮的中心部分形成真空区域，水源的水在大气压力（或水压）的作用下通过管网压到了吸水管内。这样不断循环，就可以实现连续抽水。泵在工作时值得注意的是：一定要向泵壳内充满水以后，方可起动离心泵，否则将造成泵体发热、振动、出水量减少，对泵造成损坏（简称"气蚀"），甚至造成设备事故。所谓的气蚀是指：离心泵起动时，若泵内存在空气，由于空气的密度很低，旋转后产生的离心力很小，因而叶轮中心区所形成的低压不足以将液位低于泵进口的液体吸入泵内，造成不能输送流体的现象。

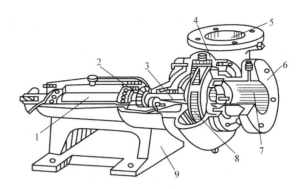

图 3-3 卧式单级单吸离心泵的结构

1—泵轴 2—轴承 3—轴封 4—泵壳 5—排出口
6—泵盖 7—吸入口 8—叶轮 9—托架

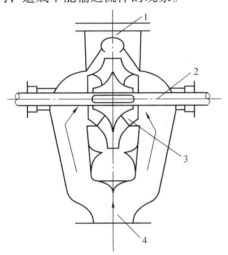

图 3-4 双吸泵

1—排出口 2—泵轴 3—叶轮 4—吸入口

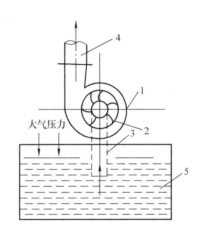

图 3-5 离心泵的工作原理图

1—泵壳 2—水泵叶轮 3—吸水管
4—压出水管 5—水池

## 一、检查与维护保养

### （一）检查

水泵起动前必须充满水，运行时又与水长期接触，由于水质的影响，水泵的工作条件比风机差，因此其检查与维护保养的工作内容比风机多，要求也比风机高一些。

对水泵的检查，根据检查的内容、所需条件以及侧重点的不同，可分为起动前的检查与准备工作、起动检查工作和运行检查工作三个部分。

**1. 水泵起动前的检查工作**

当水泵停用时间较长，或在检修及解体清洗后准备投入使用时，必须要在起动前做好以下检查工作：

1）水泵轴承的润滑油是否充足，润滑油规格指标是否符合要求。

2）水泵及电动机的地脚螺栓与联轴器螺栓有无脱落或松动。

3）关闭好出水管阀门、压力表及真空表阀门。

4）配电设备是否完好、正常，各指示仪表、安全保护装置及电控装置均应灵敏、准确、可靠。

5）对卧式泵要用手盘动联轴器，看水泵叶轮是否能转动，如果转不动，要查明原因，消除隐患。

6）水泵及进水管部分是否充满了水，当从手动放气阀放出的水没有空气时即可认定进水管已充满了水。如果能将出水管也充满水，则更有利于一次开机成功。在充水的过程中，要注意排除空气。

7）轴封不漏水或为滴水状（每分钟的滴水数不超过 60）。如果漏水或滴数过多，要查明原因并改进到符合要求。

**2. 起动检查工作**

起动检查工作是起动前停机状态检查工作的延续，因为有些问题只有水泵"转"起来后才能发现，不转是发现不了的。例如：要通过点动电动机来看泵轴的旋转方向是否正确、转动是否灵活。以 IS 型水泵为例，正确的旋转方向为从电动机端往泵方向看泵轴（叶轮）是顺时针方向旋转，若旋转方向相反则要改正过来，若转动不灵活则要查找原因，使其变灵活。

**3. 运行检查工作**

水泵有些问题或故障在停机状态或短时间运行时是不会出现或产生的，运行较长时间后才有可能出现或产生。因此，运行检查工作是不可缺少的一个重要工作环节。水泵运行时应注意以下环节：

1）检查电动机和泵的机壳、轴承温度。轴承温度高于周围环境温度的温差值不得超过 $35 \sim 40 ℃$，轴承的极限最高温度不得高于 80℃。

2）检查轴封填料盒处是否发热，滴水是否正常，管接头应无漏水现象。

3）电流应在额定值范围内，过大或过小都应停机检查。叶轮中有杂物卡住、轴承损坏、密封环互相摩擦、轴向力平衡装置失效、电压过低、阀门开度过大等都会引起电流过大；吸水底阀或出水闸阀开度不足、水泵气蚀等则会使电流过小。

4）压力表指示正常且稳定，无剧烈抖动。

5）地脚螺栓和其他各连接螺栓的螺母无松动。

6）基础台下的减振装置受力均匀，进出水管处的软接头无明显变形，能起到减振和隔振作用。

**（二）定期维护保养工作**

为了使水泵能安全、正常地运行，除了要做好其起动前、起动时以及运行中的检查工作，还需要定期做好以下几方面的维护保养工作：

**1. 加油**

轴承采用润滑油的，在水泵使用期间，每次都要观察油位是否在油镜标识范围内。油不够就要通过注油杯加油，并且要一年清洗换油一次。

轴承采用润滑脂（俗称黄油）润滑的，在水泵使用期间，每工作 2000h 换油一次。润滑脂最好使用钙基脂，也可以采用 7019 号高级轴承脂。

**2. 更换轴封**

由于填料用一段时间就会磨损，当发现漏水或泄漏量超标时就要考虑是否需要压紧或更换轴封。对于采用普通填料的轴封，泄漏量一般不得大于 30～60mL/h，而机械密封的泄漏量则一般不得大于 10mL/h。

**3. 解体检修**

一般每年应对水泵进行一次解体检修，内容包括清洗和检查。清洗主要是刮去叶轮内外表面的水垢，特别是叶轮流道内的水垢要清除干净，因为它对水泵的流量和效率影响很大。此外还要注意清洗泵壳的内表面以及轴承。在清洗过程中，对水泵的各个部件顺便进行详细认真的检查，以便确定是否需要修理或更换，特别是叶轮、密封环、轴承、填料等部件要重点检查。

**4. 除锈刷漆**

水泵在使用时，通常都处于潮湿的环境中，有些没有进行保温处理的冷冻水泵，在运行时泵体表面更是被水覆盖（结露所致），长期这样，泵体的部分表面就会生锈，为此，每年应对没有进行保温处理的冷冻水泵泵体表面进行一次除锈刷漆作业。

**5. 放水防冻**

水泵停用期间，如果环境温度低于0℃，就要将泵内及水管内的水全部放干净，以免水的冻胀作用胀裂泵体和水管。

## 二、运行调节

在中央空调系统中配置使用的水泵，由于使用要求和场合的不同，既有单台工作的，也有联合工作的；既有并联工作的，也有串联工作的，形式多种多样。例如：在循环冷却水系统中，常见的水泵使用形式有以下三种：

1）冷水机组、水泵、冷却塔分类并联然后连接组成的系统，简称群机群泵对群塔系统，如图3-6所示。

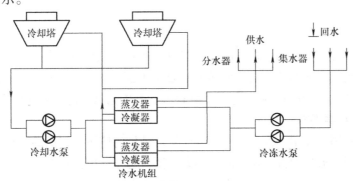

图3-6　群机群泵对群塔系统

2）冷水机组与水泵一一对应与并联的冷却塔连接组成的系统，简称一机一泵对群塔系统，如图3-7所示。

3）冷水机组、水泵、冷却塔一一对应分别连接组成的系统，简称一机一泵一塔系统，如图3-8所示。

不论水泵在水系统中如何配置，其运行调节主要是围绕改变系统中的水流量以适应负荷变化的需要进行的。因此可以根据情况采用以下三种基本调节方式中的一种。

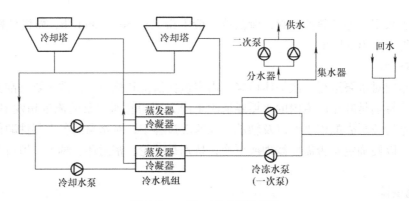

图 3-7　一机一泵对群塔系统

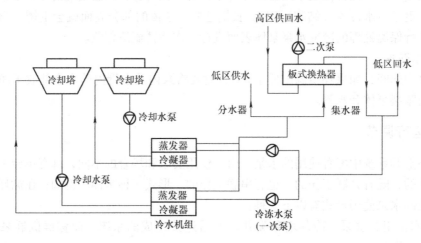

图 3-8　一机一泵一塔系统

**1. 水泵转速调节**

水泵转速调节可分为采用多极电动机的有级调速和采用变频器等调速装置的无级调速，应该引起注意的是，变速调节时的最低转速不要小于额定转速的50%，一般控制在70% ~ 100%。否则水泵的运行效率太低，造成功耗过大，可能会抵消降低转速所得到的节能效果。

**2. 并联水泵台数调节**

并联水泵台数调节即用开停台数来调节流量，是目前使用最广泛的一种形式。虽然改变水泵运行台数来调节流量的方式操作起来不太方便，适应性也比较差，但应用得好，其节能效果还是很明显的。相对于调速方式来说，这种调节方式对运行管理人员的技术水平和操作技能的要求要更高一些。

**3. 并联水泵台数与转数的组合调节**

将并联水泵全部配上无级调速装置（如变频调速器）形成的水泵组，当负荷变化小时，用调速变流量来适应；当负荷变化大时，用水泵停台数粗调、调速细调来适应。这种调节方式的调节范围大、适应性好，是水泵适应变流量节能运行的最佳调节方式。

在水泵的日常运行调节中还要注意两个问题：一是在出水管阀门关闭的情况下，水泵的连续运转时间不宜超过3min，以免水温升高导致水泵零部件的损坏；二是当水泵长时间运行时应尽量保证其在铭牌规定的流量和扬程附近工作，使水泵在高效率区运行（水泵变速运行时也要注意这一点），以获得最佳的节能效果。

## 三、常见问题和故障的分析及解决方法

水泵常见问题和故障的分析及解决方法见表 3-2。

表 3-2　水泵常见问题和故障的分析及解决方法

| 问题或故障 | 原因分析 | 解决方法 |
|---|---|---|
| 起动后出水压力表和进水真空表指针剧烈摆动 | 有空气从进水管随水流进泵内 | 查明空气从何而来，并采取措施杜绝 |
| 起动后一开始有出水，但立刻停止 | 1. 进水管中有大量空气积存<br>2. 有大量空气吸入 | 1. 查明原因，排除空气<br>2. 检查进水管进水口及轴封的密封性 |
| 在运行中突然停止出水 | 1. 进水管、进水口被堵塞<br>2. 有大量空气吸入<br>3. 叶轮严重损坏 | 1. 清除堵塞物<br>2. 检查进水管进水口及轴封的密封性<br>3. 更换叶轮 |
| 轴承过热 | 1. 润滑油不足<br>2. 润滑油（脂）老化或油质不佳<br>3. 轴承安装不正确或间隙不合适<br>4. 泵与电动机的轴不同心 | 1. 及时加油<br>2. 清洗后更换合格的润滑油（脂）<br>3. 调整或更换<br>4. 调整找正 |
| 填料函漏水过多 | 1. 填料压得不够紧<br>2. 填料磨损<br>3. 填料缠法错误<br>4. 轴有弯曲或摆动 | 1. 拧紧压盖或补加一层填料<br>2. 更换<br>3. 重新正确缠放<br>4. 校直或校正 |
| 泵内声音异常 | 1. 有空气吸入，发生气蚀<br>2. 泵内有固体异物 | 1. 查明原因，杜绝空气吸入<br>2. 拆泵清除 |
| 泵振动 | 1. 地脚螺栓或各连接螺栓、螺母有松动<br>2. 有空气吸入，发生气蚀<br>3. 轴承破损<br>4. 叶轮破损<br>5. 叶轮局部有堵塞<br>6. 泵与电动机的轴不同心<br>7. 轴弯曲 | 1. 拧紧<br>2. 查明原因，杜绝空气吸入<br>3. 更换<br>4. 修补或更换<br>5. 拆泵清除<br>6. 调整找正<br>7. 校正或更换 |
| 流量达不到额定值 | 1. 转速未达到额定值<br>2. 阀门开度不够<br>3. 输水管道过长或过高<br>4. 管道系统管径偏小<br>5. 有空气吸入<br>6. 进水管或叶轮内有异物堵塞<br>7. 密封环磨损过多<br>8. 叶轮磨损严重 | 1. 检查电压、填料、轴承<br>2. 开到合适开度<br>3. 缩短输水距离或更换合适的水泵<br>4. 加大管径或更换合适的水泵<br>5. 查明原因，杜绝空气吸入<br>6. 清除异物<br>7. 更换密封环<br>8. 更换叶轮 |

（续）

| 问题或故障 | 原因分析 | 解决方法 |
|---|---|---|
| 耗用功率过大 | 1. 转速过高<br>2. 在高于额定流量和扬程的状态下运行<br>3. 填料压得过紧<br>4. 水中混有泥沙或其他异物<br>5. 泵与电动机的轴不同心<br>6. 叶轮与蜗壳摩擦 | 1. 检查电动机、电压<br>2. 调节出水管阀门开度<br>3. 适当放松<br>4. 查明原因，采取清洗和过滤措施<br>5. 调整找正<br>6. 查明原因，消除 |

## 课题三　冷却塔的运行管理

中央空调系统常用人工冷源的冷却方式，可分为水冷方式和风冷方式两种。从对制冷剂的冷却效能来看，水冷方式比风冷方式优越。水冷式系统通常采用开式循环形式，由此而构成的循环冷却水系统需要配置循环水泵、开放式冷却塔和相应的管道、附件等。开放式冷却塔将携带热量的冷却水在塔中与空气进行热交换，将热量传输给空气并散入大气环境中去，其水系统如图 3-9 所示。

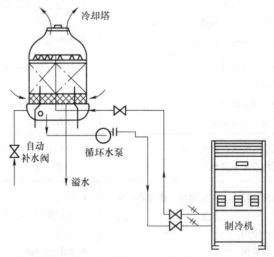

图 3-9　冷却塔水系统

作为用来降低制冷机所需冷却水温度的散热装置，采用最多的是机械抽风逆流式圆形冷却塔（图 3-10），其次是机械抽风横流式（又称直交流式）矩（方）形冷却塔（图 3-11）。这两种冷却塔在运行管理方面的要求大同小异。

### 一、检查与维护保养

**1. 检查工作**

（1）起动前的检查与准备工作　对冷却塔的检查工作根据检查内容、所需条件及侧重点的不同，可分为起动前的检查与准备工作、起动检查工作和运行检查工作三个部分。

1）由于冷却塔均由出厂散件现场组装而成，因此要检查所有连接螺栓的螺母是否有松动。

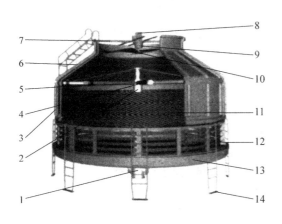

图 3-10 逆流式圆形冷却塔

1—进出水总成 2—进水管 3—中壳体 4—布水管
5—布水器 6—上壳体 7—电动机支架 8—电动机
9—减速器 10—风机 11—淋水填料
12—进风窗 13—过水底盘 14—塔脚

图 3-11 横流式矩（方）形冷却塔

1—出水口 2—塔脚 3—过水底盘 4—填料 5—进风窗
6—配水盘 7—稳压系统 8—风机 9—电动机
10—电动机支架 11—上壳体 12—钢架 13—扶梯
14—面板 15—检修门 16—检修走道 17—溢流口
18—自动补水管 19—手动补水管

2）由于冷却塔均放置在室外暴露场所，而且出风口和进风口都很大，有的加设了防护网，但网眼仍很大，难免会有树叶、废纸、塑料袋等杂物在停机时从进、出风口进入冷却塔内，因此要予以清除。

3）如果使用传动带减速装置，要检查传动带的松紧度是否合适，以及几根传动带的松紧度是否相同。

4）如果使用齿轮减速装置，要检查齿轮箱内润滑油是否充注到规定的油位。

5）检查集水盘（槽）是否漏水，以及各手动水阀是否开关灵活并设置在要求的位置上。

6）拨动风机叶片，看其旋转是否灵活，有没有与其他物件相碰撞，有问题要及时解决。

7）检查风机叶片尖与塔体内壁的间隙，该间隙要均匀合适，其值不宜大于 $0.008D$（$D$ 为风机直径）。

8）检查圆形冷却塔布水装置的布水管管端与塔体的间隙，该间隙以 20mm 为宜，而布水管的管底与填料的间隙则不宜小于 50mm。

9）开启手动补水管的阀门，与自动补水管一起将冷却塔集水盘（槽）中的水尽量注满（达到最高水位），以备冷却塔填料由干燥状态到正常润湿工作状态要多耗水量之用。

（2）起动检查工作 起动检查工作是起动前检查与准备工作的延续，因为有些检查内容必须在冷却塔"动起来了"的情况下才能看出是否有问题，其主要检查内容如下：

1）点动风机，看其叶片在俯视时是否沿顺时针方向转动，而风向应是由下向上吹的，如果反了要调过来。

2）短时间起动水泵，看圆形冷却塔的布水装置（又称为配水、洒水或散水装置）在俯视时是否沿顺时针方向转动，转速是否在表 3-3 中对应的冷却水量范围内。

表 3-3　圆形冷却塔布水装置参考转速

| 冷却水量/（m³/h） | 6.2～23 | 31～46 | 62～195 | 234～273 | 312～547 | 626～781 |
|---|---|---|---|---|---|---|
| 转速/（r/min） | 7～12 | 5～8 | 5～7 | 3.5～5 | 2.5～4 | 2～3 |

3）通过短时间起动水泵，可以检查出水泵的出水管部分是否充满了水，如果没有，则连续几次间断地短时间起动水泵，以排出空气，让水充满出水管。

4）短时间起动水泵时还要注意检查集水盘（槽）内的水是否会出现抽干现象。

5）通电检查供回水管上电磁阀的动作是否正常，如果不正常要进行修理或更换。

（3）运行检查工作　运行检查工作的内容，既是起动前和起动检查工作的延续，也可以作为冷却塔日常运行时的常规检查项目，要求运行值班人员经常给予检查。

1）圆形冷却塔布水装置的转速是否稳定、均匀。

2）圆形冷却塔布水装置的转速是否减慢或是否有部分出水孔不出水。

3）浮球阀开关是否灵敏，集水盘（槽）中的水位是否合适。

4）对于矩（方）形冷却塔，要经常检查配水槽（又称为散水槽）内是否有杂物堵塞散水孔，如果有堵塞现象要及时清除。

5）塔内各部位是否有污垢形成或微生物繁殖，特别是填料和集水盘（槽）里，如果有污垢或微生物附着，则要分析原因，并相应地做好水质处理和清洁工作。

6）注意倾听冷却塔工作时的声音，是否有异常噪声和振动。

7）检查布水装置、各管道的连接部位、阀门是否漏水。

8）对使用齿轮减速装置的，要注意齿轮箱是否漏油。

9）注意检查风机轴承的温升情况，一般不大于35℃，最高温度要低于70℃。

10）查看有无明显的飘水现象，如果有要及时查明原因并予以消除。

**2. 清洁工作**

（1）外壳的清洁　目前常用的是圆形和矩（方）形冷却塔，包括那些在出风口和进风口加装了消声装置的冷却塔，其外壳都是采用玻璃钢或高级 PVC 材料制成的，能抵抗太阳紫外线和化学物质的侵蚀，密实耐久，不易褪色，表面光亮，不需另刷油漆做保护层。

（2）填料的清洁　填料作为空气与水在冷却塔内进行充分热湿交换的媒介体，通常是由高级 PVC 材料加工而成的，属于塑料一类，很容易清洁。

（3）集水盘（槽）的清洁　集水盘（槽）中有污垢或微生物积存最容易发现，采用刷洗的方法就可以很快使其干净。

（4）圆形冷却塔布水装置的清洁　对圆形冷却塔布水装置的清洁工作，重点应放在有众多出水孔的几根支管上，要把支管从旋转头上拆卸下来仔细清洗。

（5）矩（方）形冷却塔配水槽的清洁　当矩（方）形冷却塔的配水槽需要清洁时，采用刷洗的方法。

（6）吸声垫的清洁　由于吸声垫采用的是疏松纤维，长期浸泡在集水盘中其表面很容易附着污物，因此需用清洁剂配合高压水枪进行冲洗。

**3. 定期维护保养工作**

1）通风装置的紧固情况一周检查一次。

2）风机传动带两周检查一次，调节松紧度或进行损坏更换。

3）两周检查一次风机叶片与轮毂的连接紧固情况及叶片角度是否变化。

4）布水装置一般一个月清洗一次，要注意布水的均匀性，发现问题及时调整。

5）填料一般一个月清洗一次，发现有损坏的要及时填补或更换。

6）一般一个月清洗一次集水盘和出水口过滤网。

7）减速箱中的油位一个月检查一次，若达不到油标规定位置要及时加油；此外，每运行六个月检查一次油的颜色和黏度，若达不到要求必须更换。

8）风机轴承使用的润滑脂一年更换一次。

9）电动机的绝缘情况一年测试一次。

10）冷却塔的各种钢结构件需要刷防腐漆两年进行一次除锈刷漆工作。

11）冷却塔维护保养计划见表3-4。

表3-4 冷却塔维护保养计划

| 序号 | 维护保养项目 | 1 | 2 | 3 | 4 | 5 | 6 | 7 | 8 | 9 | 10 | 11 | 12 | 周期 |
|---|---|---|---|---|---|---|---|---|---|---|---|---|---|---|
| 1 | 通风装置紧固 | | | | √ | √ | √ | √ | √ | √ | √ | √ | | 4次/月 |
| 2 | 风机传动带调整 | | | | √ | √ | √ | √ | √ | √ | √ | √ | | 2次/月 |
| 3 | 风机叶片检查 | | | | √ | √ | √ | √ | √ | √ | √ | √ | | 2次/月 |
| 4 | 布水装置清洗 | | | | √ | √ | √ | √ | √ | √ | √ | √ | | 1次/月 |
| 5 | 填料清洗 | | | | √ | √ | √ | √ | √ | √ | √ | √ | | 1次/月 |
| 6 | 减速箱加油 | | | | √ | √ | √ | √ | √ | √ | √ | √ | | 1次/月 |
| 7 | 集水盘清洗 | | | | √ | √ | √ | √ | √ | √ | √ | √ | | 1次/月 |
| 8 | 减速箱换油 | | | √ | | | | | √ | | | | | 2次/年 |
| 9 | 风机轴承换油 | | | | | | | | | | | | √ | 1次/年 |
| 10 | 电动机绝缘测试 | | | | | | | | | | | | √ | 1次/年 |
| 11 | 钢结构件刷漆 | | | √ | | | | | | | | | | 0.5次/年 |

说明：冷却塔的使用时间为每年的4～11月。

## 二、运行调节

由于冷却水的流量和回水温度直接影响着制冷机的运行工况和制冷效率，因此保证冷却水的流量和回水温度至关重要。而冷却塔对冷却水的降温功能又受到室外空气环境湿球温度的影响，且冷却水的回水温度不可能低于室外空气的湿球温度。因此，了解一些湿球温度的规律对控制冷却水的回水温度也十分重要。从季节来看，春、夏季室外空气的湿球温度一般较高，秋、冬季较低；而昼夜来看，夜晚室外空气的湿球温度一般较高，白天较低；而夏季则是每日10～24时室外空气的湿球温度较高，0时到次日10时较低；从气象条件来看，阴雨天时室外空气的湿球温度一般较高，晴朗天较低。这些影响冷却水回水温度的天气因素是无法人为改变的，只有通过对设备的调节来适应这种天气因素的影响，才能保证回水温度在规定的范围内变化。

通常采用的调节方式有两种：一是调节冷却水流量，二是调节冷却水回水温度。具体操作的一些调节方法如下：

### 1. 调节冷却塔运行台数

当冷却塔为多台并联配置时，不论每台冷却塔的容量大小是否有差异，都可以通过开启同时运行的冷却塔台数，来适应冷却水量和回水温度的变化要求。用人工控制的方法来达到这个目的有一定难度，需要结合实际情况，摸索出控制规律才行得通。

**2．调节冷却塔风机运行台数**

当所使用的是一塔多风机配置的矩形冷却塔时，可以通过调节同时工作的风机台数来改变进行热湿交换的通风量，在循环水量保持不变的情况下调节回水温度。

**3．调节冷却塔风机转速（通风量）**

采用变频技术或其他电动机调速技术，通过改变电动机的转速进而改变风机的转速使冷却塔的通风量改变，在循环水量不变的情况下达到控制回水温度的目的。当室外气温比较低，空气又比较干燥时，还可以停止冷却塔风机的运转，利用空气与水的自然热湿交换来达到冷却水降温的要求。

**4．调节冷却塔供水量**

采用与风机调速相同的原理和方法，改变水泵的转速，使冷却塔的供水量改变，在冷却塔通风量不变的情况下同样能够达到控制回水温度的目的。如果在制冷剂冷凝器的进水口处安装温度感应控制器，根据设定的回水温度，调节设置在冷却泵入水口处的电动调节阀的开度，以改变循环冷却水量来适应室外气候条件的变化和制冷机制冷量的变化，也可以保证回水温度不变。但该方法的流量调节范围受到一定限制，因为水泵和冷凝器的流量都不能降得很低。此时，可以采用改装三通阀的形式来保证通过水泵和冷凝器的流量不变，仍由温度感应控制器控制三通阀的开度，用不同温度和流量的冷却塔供水与回水，兑出符合要求的冷凝器进水温度，如图 3-12 所示。

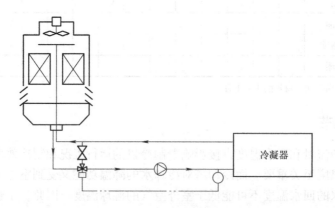

图 3-12　三通阀控制冷凝器进水温度

上述各调节方法都有其优缺点和使用局限性，都可以单独采用，也可以综合采用。减少冷却塔运行台数和冷却塔风机降速运行的方法还会起到节能和降低运行费用的作用。因此，要结合实际情况，经过全面的技术和经济分析后再决定采用何种调节方法。

## 三、常见问题和故障的分析与解决方法

冷却塔常见问题和故障的分析与解决方法见表 3-5。

表 3-5　常见问题和故障的分析与解决方法

| 问题或故障 | 原 因 分 析 | 解 决 方 法 |
|---|---|---|
| 出水温度过高 | 1. 循环水量过大<br>2. 布水管（配水槽）部分出水孔堵塞，造成偏流<br>3. 进、出空气不畅或短路<br>4. 通风量不足<br>5. 进水温度过高<br>6. 吸、排空气短路<br>7. 填料部分堵塞造成偏流<br>8. 室外湿球温度过高 | 1. 调节阀门至合适水量或更换容量匹配的冷却塔<br>2. 清除堵塞物<br><br>3. 查明原因、改善<br>4. 参见通风量不足的解决方法<br>5. 检查冷水机组方面的原因<br>6. 改善空气循环流动为直流<br>7. 清除堵塞物<br>8. 减少冷却水量 |
| 通风量不足 | 1. 风机转速降低　(1) 传动带松弛<br>　　　　　　　　(2) 轴承润滑不良<br>2. 风机叶片角度不合适<br>3. 风机叶片破损<br>4. 填料部分堵塞 | (1) 调整电动机位置，张紧或更换传动带<br>(2) 加油或更换轴承<br>2. 调至合适角度<br>3. 修复或更换<br>4. 清除堵塞物 |
| 集水盘（槽）溢水 | 1. 集水盘（槽）出水口（滤网）堵塞<br>2. 浮球阀失灵，不能自动关闭<br>3. 循环水量超过冷却塔额定容量 | 1. 清除堵塞物<br>2. 修复<br>3. 减少循环水量或更换容量匹配的冷却塔 |
| 集水盘（槽）中水位偏低 | 1. 浮球阀开度偏小，造成补水量小<br>2. 补水压力不足，造成补水量小<br>3. 管道系统有漏水的地方<br>4. 冷却过程失水过多<br>5. 补水管管径偏小 | 1. 开大到合适开度<br>2. 查明原因，提高压力或加大管径<br>3. 查明漏水处，堵漏<br>4. 参见冷却过程中水量散失过多的解决方法<br>5. 更换 |
| 有明显飘水现象 | 1. 循环水量过大或过小<br>2. 通风量过大<br><br>3. 填料中有偏流现象<br>4. 布水装置转速过快<br>5. 隔水袖（挡水板）安装位置不当 | 1. 调节阀门至合适水量或更换容量匹配的冷却塔<br>2. 降低风机转速或调整风机叶片角度或更换合适风量的风机<br>3. 查明原因，使其均流<br>4. 调至合适转速<br>5. 调整 |
| 布（配）水不均匀 | 1. 布水管（配水槽）部分出水孔堵塞<br>2. 循环水量过小 | 1. 清除堵塞物<br>2. 加大循环水量或更换容量匹配的冷却塔 |
| 配水槽中有水溢出 | 1. 配水槽的出水孔堵塞<br>2. 循环水量过大 | 1. 清除堵塞物<br>2. 调至合适水量或更换容量匹配的冷却塔 |
| 有异常噪声或振动 | 1. 风机转速过高，通风量过大<br>2. 风机轴承缺油或损坏<br>3. 风机叶片与其他部件碰撞<br>4. 有些部件紧固螺栓的螺母松动<br>5. 风机叶片螺钉松动<br>6. 传动带与防护罩摩擦<br>7. 齿轮箱缺油或齿轮组磨损<br>8. 隔水袖（挡水板）与填料摩擦 | 1. 降低风机转速或调整风机叶片角度或更换合适风量的风机<br>2. 加油或更换<br>3. 查明原因，排除<br>4. 紧固<br>5. 紧固<br>6. 张紧传动带，紧固防护罩<br>7. 加够油或更换齿轮组<br>8. 调整隔水袖（挡水板）或填料 |
| 滴水声过大 | 1. 填料下水偏流<br>2. 冷却水量过大<br>3. 积水盘（槽）中未装吸声垫 | 1. 查明原因，使水均流<br>2. 使水量减小<br>3. 在集水盘中加装吸声垫 |

## 【单元小结】

风机的维护保养工作主要是在停机时做，重点是传动带、连接螺栓（母）、减振装置和轴承。运行调节主要是调风量，风机的风量可以通过改变其转速和调节其他部件或装置来实现。

水泵的维护保养重点是加润滑油、及时更换轴封和解体检修；在水泵起动前要注意泵体内和部分进水管应充满水；水泵运行时的监控内容与风机相同。水泵的运行调节主要是调水流量，可以根据不同情况采用改变水泵转速、改变并联工作的水泵台数和变转速与变工作台数的组合等基本调节方式。

在停用时间较长、准备重新投入使用的年度开机时，要重点做好冷却塔起动前的各项检查与准备工作，包括短时间起动运行的检查工作。日常运行时则要关注是否有缺水、漏水、布水不均匀、明显飘水、风机及其传动装置工作不正常等情况。由于冷却塔长期置于室外，其维护保养工作的重点一是保持塔内外各部件的清洁，二是保障风机、电动机及其传动装置的性能良好，三是保证补水与布水装置工作正常。冷却塔的运行调节主要是通过调节并联运行的冷却塔台数、矩（方）形塔的风机运行台数、风机转速、冷却塔供水量来适应冷凝负荷的变化及天气情况的变化，保证冷却回水温度在规定的范围内。

风机、水泵、冷却塔的运行过程中常出现的问题和故障现象，要根据不同的情况找出相应的原因，寻求相应的正确解决办法。

## 思 考 与 练 习

1. 风机起动时要注意哪些事项？

2. 风机停机检查内容与运行时的检查内容有什么不同？

3. 常用的风机风量调节方法有哪些？哪些调节方法可以不停机地连续进行？哪些则不能？

4. 风机常见故障有哪些？如何解决？

5. 水泵运行时应注意哪些环节？

6. 水泵的定期维护保养工作包括哪几个方面？

7. 水泵的运行调节方式有哪些？

8. 水泵流量达不到额定值的原因是什么？如何解决？

9. 冷却塔的清洁工作包括哪几个方面？

10. 如何做好冷却塔的定期维护保养工作？

11. 冷却塔冷却水量和水温的调节方法分别有哪些？

12. 冷却塔出水温度过高的原因是什么？如何解决？

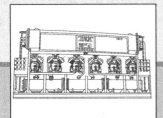

# 单元四

## 中央空调系统的运行管理与维护保养

### 【内容构架】

中央空调系统的运行管理与维护保养

- 全空气系统的运行管理
  - 空气处理机组的运行管理
  - 风管系统的运行管理
- 空气–水系统的运行调节与维护保养
  - 风机盘管的运行调节
  - 风机盘管加独立新风系统的运行调节
  - 风机盘管的维护保养
- 水管系统的运行管理和维护保养
  - 巡检和维护保养
  - 手动阀门的正确操作
  - 常见问题和故障的分析与解决方法
- 空调系统的维护保养
  - 空调系统日常维护的基本要求
  - 维护保养制度
  - 维护保养记录
  - 检测与修理制度
  - 常见问题的分析与解决方法

### 【学习引导】

**目的与要求**

- 掌握全空气系统的运行管理。
- 掌握空气–水系统的运行管理。
- 掌握水管系统的运行管理和维护保养。
- 掌握空调系统的维护保养。

**重点与难点**

重点：中央空调系统的运行管理与维护保养。

难点：常见问题和故障的分析与解决办法。

---

**课题一　　全空气系统的运行管理**

中央空调系统的主要组成部件不同以及负担室内负荷所用介质种类不同，使得空调系统的类型很多，中央空调系统按照负担室内负荷所用的介质种类可以分为全空气系统，全水系统，空气－水系统，制冷剂直接蒸发系统；按设备的设置情况可分为集中式空调系统，半集中式空调系统和全分散式空调系统。集中式空调系统一般为全空气系统，又可以分为一次回风空调系统、二次回风空调系统和混合式空调系统。

目前，大面积房间的舒适性空调一般都采用全空气一次回风空调系统，如大型商业、餐饮、娱乐场所以及飞机场的候机楼、火车站的售票厅和候车厅等。全空气一次回风空调系统由负担房间的冷、热、湿负荷的空气处理机组及风管系统等组成，如图4-1所示。其运行管理包括开机前的检查与准备、起动与停机、运行调节、维护保养、故障排除等内容。

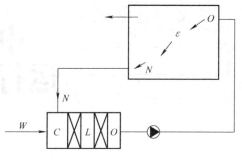

图4-1 一次回风空调系统图

## 一、空气处理机组的运行管理

空气处理机组是全空气中央空调系统的主要组成装置之一，对空调房间冷热量的需求和冷热源的冷热量供应起着承上启下的作用，同时空调房间的空气参数也要通过它来控制。因此，其运行管理工作至关重要。中央空调系统采用的大型空气处理机组主要是柜式风机盘管机组和组合式空调机组两种。

柜式风机盘管机组属于空气处理机组中的整机（体）式空气处理机组一类，俗称风柜或空调箱，主要由风机、盘管、过滤装置组成，是以水为冷热媒，将经过冷却去湿或加热处理了的空气通过风管和风口送入空调房间，来达到控制室内空气参数目的的空调设备。其结构形式有立（柜）式和卧式（图4-2），安装形式有落地式和吊顶式。它既可以用于处理新回风混合空气，也可以用于处理全新风（此时俗称新风机或新风柜）。

目前，很多大面积房间（如高层写字楼或商住楼的裙楼部分）的舒适性空调都采用了以柜式风机盘管机组为主要空调设备的中央空调系统。这种系统由集中冷热源提供冷热水给分

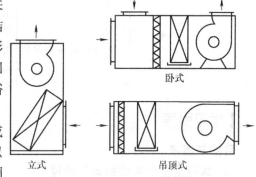

图4-2 柜式风机盘管机组示意图

散设置的柜式风机盘管机组，每台柜式风机盘管机组通过外接的风管自成一个全空气一次回风空调系统，负责一个或几个房间，或一个大房间的部分空调任务。这种系统与常规的风机盘管系统最大的区别是一台柜式风机盘管机组的容量（包括风量、供冷供热量、机外静压）要比一台普通的风机盘管大得多，而且要外接十几米到近百米的风管通过众多风口送风，其空调作用范围可以从几十平方米到几百平方米。而一台普通的风机盘管通常最多外接四个送回风口，其空调作用范围在40m$^3$以内。此外，柜式风机盘管机组一般通过自带的新风口采集室外新风，而常规的风机盘管系统则通常要另外配套独立新风系统。

组合式空调机组（图4-3）是由若干功能段根据需要组合而成的空气处理机组。将空气输送及混合、表冷器、过滤器等几个功能段组合在一起运行时，可以达到与柜式风机盘管机

组相同的功效。由于组合式空调机组的最大优点是能够根据需要任意开停各功能段、组合若干个功能段进行工作，因此其功能要比柜式风机盘管机组全面得多，适用范围也要广得多。

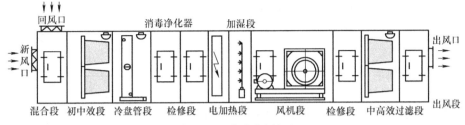

图 4-3　组合式空调机组

### （一）柜式风机盘管机组和组合式空调机组的运行管理

**1. 正常操作**

开机检查→起动操作→运行调节→停机操作

（1）开机检查

1）日常开机。根据室内外工况，调整好自动控制的设定值；检查水阀开度是否合适，接头、阀门是否漏水；检查电压是否正常；检查组合机组各功能段的密封性。

2）年度开机。用手盘动带轮或联轴器，检查风机叶轮是否卡住或有摩擦；通电点动检查风机叶轮的旋转方向，并检查传动带的松紧程度；检查风机风阀动作的灵活性和定位；拧开放气阀，检查表面式换热器是否充满了水。

（2）起动操作　主要是风机的起动，比较简单，在所在机房就地合上电闸或按电钮起动即可。对于双风机配置的机组，风机应一台一台地起动，而且要在一台风机运转正常后才能再起动另一台。在没有特殊要求的情况下，起动顺序一般是先开送风机，后开回风机，以保证空调房间不形成负压。对配备了多台柜式风机盘管或组合式空调机组的中央空调系统，也只能采用顺序式逐台起动方法，即一台柜式风机盘管或组合式空调机组起动后，隔一段时间（起动电流峰值过后，运行电流正常了）再起动下一台，不能多台同时起动，以防止控制回路或主回路中熔断器烧断。在冬季蒸汽供暖时，先开加热器的蒸汽供应阀，起动风机，以免产生"水击"；热水供暖时，先开热水供应阀，再起动风机，以免送冷风时间过长。

（3）运行调节　当室内负荷变化时常用的调节方式可分为质调节、量调节及混合调节三种。

1）质调节。只改变送风参数，不改变送风量的调节方式称为质调节。对于全空气一次回风系统来说，可以通过调节新回风量的混合比例、调节表冷器（或盘管）的进水流量或温度、调节单元式空调机制冷压缩机开停或多台制冷压缩机的同时工作台数等来实现质调节，以适应室内负荷的变化，保持室内空气状态参数不变或在控制范围内，如图 4-4 所示。

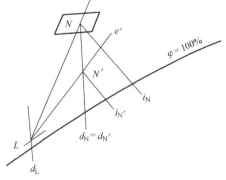

图 4-4　质调节

$$G = \frac{Q}{i_N - i_L}$$

式中　$G$——房间通风量（kg/s）；

　　　$Q$——空调冷负荷（kJ/s 或 kW）；

$i_N$、$i_L$——点 $N$、$L$ 对应的空气的焓（kJ/kg$_{干空气}$）。

由此可知，室内空气状态点 $N$ 要变为 $N'$，室内温度会降低。为了在 $Q$ 减小的情况下仍保持 $N$ 不变，可以采取提高送风温度的措施来解决，即将 $L$ 点提高到 $O$ 点，如图4-5所示。

要达到提高送风温度的目的，可以采用以下三种调节方法来实现：

① 房间送风量不变，调节新回风比：加大新风量，减少回风量。

从经济节能的角度来看，在夏季室内空调冷负荷减小，而用于处理空气的冷量不减少的情况下，多用室外新风显然是不利的。

② 进水温度不变，减小表面式换热器（表冷器或盘管）的进水流量。

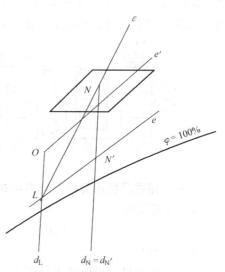

图4-5　提高送风温度调节

表面式换热器的进、出水流量可以采用直通阀或三通阀来调节。使用直通阀造价低，管理简单，但在调节水量时，会影响同一水系统中其他表冷器的正常工作。使用三通阀（图4-6）则可达到理想的效果，但其造价要比直通阀高，管理也要复杂一些。

③ 进水流量不变，调节表面式换热器（表冷器或盘管）的进水温度（图4-7）。

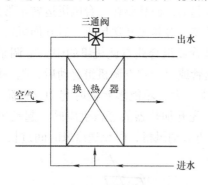

图4-6　用三通阀调进水量

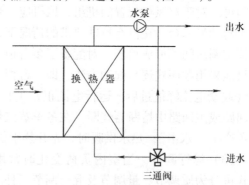

图4-7　用三通阀加水泵调进水温度

以单元式空调机为主机组成的全空气一次回风系统，通常由设置在机组回风口处的感温装置，根据设定的回风温度值自动控制压缩机的开停来改变送风温度，以适应室内空调冷热负荷的变化。有些负荷较大的单元式空调机，装有两个以上的压缩机，可以根据设定的回风温度值自动控制同时工作的压缩机台数，从而达到随室内空调负荷变化而改变送风参数的目的。

2) 量调节。只改变送风量，不改变送风参数的调节方式称为量调节。对于全空气一次回风系统来说，可以通过调节风机的风量和送风管上的阀门来实现量调节，以适应室内负荷的变化，保持室内空气状态参数不变或在控制范围内。

风量的改变方法：

① 调节风阀开度：这是最简单易行的方法，但会增大空气在风管内流动的阻力，增加风机的动力消耗。

② 改变风机转速（有级调节和无级调节）：这是最常用的风量调节方法，通过加装机械或电子方面的辅助装置或使用多速电动机就可以达到调速进而变风量的目的。目前发展前景最看好的是变频调速方法。

③ 改变风机导流片的开度、改变轴流风机叶片角度、更换风机带轮等。

上述量调节方法主要是在空气处理装置处进行，属于集中式的量调节，其调节结果将影响整个空调系统的作用范围。对于风管系统安装有变风量末端装置的变风量（VAV）系统来说，由于各个房间的送风量可以由安装在其房间内的温度控制器（也称为恒温调节器）在设定温度下自动调节，因此这种系统还可以实现单个房间的独立量调节，即分散式的量调节。

不论采用何种风量调节方法，在减小送风量时都要注意：当送风量减小过多时会影响到室内气流分布的均匀性和稳定性，气流组织恶化的结果则会影响到空调的总体效果。

因此，要限制房间的最小送风量，也即风量调节的下限值，一般不低于设计送风量的40%～50%。同时，还要保证房间最小新风量和最少换气次数（舒适性空调一般不少于5次/h）。综合考虑以上三个因素确定出的最小送风量，即为风量调节的下限值。

对于民用建筑的空调房间最小新风量，《工业建筑供暖通风与空气调节设计规范》（GB 50019—2015）的规定值见表4-1，《空调设计手册》（第2版）给出的推荐值见表4-2（表中括号内的数据为《实用供热空调设计手册》给出的推荐值）。

表4-1 民用建筑最小新风量的规定值 ［单位：$m^3/(h \cdot 人)$］

| 房间名称 | 最小新风量 | 吸烟情况 |
|---|---|---|
| 影剧院、博物馆、体育馆、商店 | 8 | 无 |
| 办公室、图书馆、会议室、餐厅、舞厅、医院的门诊部和普通病房 | 17 | 无 |
| 旅馆客房 | 30 | 少量 |

表4-2 民用建筑最小新风量的推荐值 ［单位：$m^3/(h \cdot 人)$］

| 最小新风量 | 最小新风量 | | 建筑类型或房间名称 | | 等级 | |
|---|---|---|---|---|---|---|
| | 办公室 | 18 | — | | 一级 | 50 | (100) |
| | 办公大楼、银行 | — | (20) | 客房 | 二级 | 43 | (80) |
| | 会议室 | 17 | — | ［$m^3/(h \cdot 室)$］ | 三级 | 30 | (60) |
| | 百货大楼、商业中心 | 10 | (10) | | 四级 | 15 | (30) |
| | 商店 | 9 | — | | 一级 | 30 | — |
| | 普通餐厅 | 17 | — | 餐厅 | 二级 | 25 | (40) |
| | 餐厅、保龄球馆 | — | (40) | 宴会厅 | 三级 | 20 | (25) |
| | 美容、理发 | 30 | (30) | | 四级 | 15 | (18) |
| | 康乐场所 | 30 | — | | 一级 | 20 | (18) |
| 旅游旅馆 | 弹子房、室内游泳池 | — | (30) | 商店 | 二级 | 20 | (18) |
| | 健身房 | — | (80) | 服务机构 | 三级 | 10 | (18) |
| | 影剧院 | 9 | (15) | | 四级 | 10 | (18) |
| | 体育馆 | 9 | (10) | | 一级 | 10 | (18) |
| | 博物馆 | 9 | — | 大厅 | 二级 | 10 | (18) |
| | 图书馆 | 17 | — | 四季厅 | 三级 | — | (18) |
| 医院 | 门诊部、普通病房 | 18 | — | | 四级 | — | (18) |
| | 手术室、高级病房 | 20 | (20) | | | | |
| | 展览厅、大会堂 | — | (10) | | | | |
| | 候机厅 | — | (15) | | | | |
| | 公寓 | 20 | — | | | | |

3）混合调节。既改变送风参数，又改变送风量的调节方式称为混合调节，是前述质调

节和量调节方式的组合。在运用时要注意，此时进行的质调节和量调节的目的应该是一致的。只要用得好，就能快速适应室内负荷的变化。如果不注意，使两种调节的效果相反，则所产生的作用就会互相抵消，这样不仅达不到调节的目的，而且还浪费能量。

（4）停机操作

1）正常停机：先停回风机，再停送风机。注意：蒸汽供热加热器，先关蒸汽供应阀3~5min后，再关风机；冬季季节停机的换热器，应注意防冻，即在水中添加防冻剂，并在新风窗或新风采集管上加装电动保温风阀，与机组连锁，即机组停机，风阀关闭；热水连续供应时，热水控制阀不关；无以上措施，则将表面式换热器（表冷器或加热器）内的水全部排放干净。

2）紧急停机。

① 故障停机：风机或配套电动机发生故障；表面式换热器或连接管道破裂漏水或产生大量蒸汽；控制系统的调节执行机构动作不灵敏时均要紧急停机。

② 火警停机：首先停送风机；立即关闭风管内的防烟防火阀。

**2. 维护保养**

柜式风机盘管和组合式空调机组的维护保养对象主要是空气过滤器、表面式换热器（表冷器或空气加热器）、接水盘、加湿器、喷水室、风机等。

（1）空气过滤器　空气过滤器是用来净化回风和新风的重要装置，通常采用的是化纤材料做成的过滤网或多层金属网板，要求高的也有采用袋式过滤器的。由于柜式风机盘管和组合式空调机组工作时间的长短、使用条件的不同，其清洁的周期与方式也不同。一般情况下，在连续使用期间应每个月清洁一次。如果清洁不及时，过滤器的孔眼堵塞非常严重，就会增大空气流动阻力，使机组的送风量大大减少，其向房间的供冷（热）量也就会相应地大大降低，从而影响空调房间温湿度控制的质量。

清洁方法有：

1）不需拆卸的方法：采用吸尘器吸清。

2）需拆卸的方法：清水冲刷或药水刷洗，晾干。

对于装有阻力监测仪器仪表的过滤器，当终阻力等于初阻力的两倍时，应进行清洗。

（2）表面式换热器（表冷器或空气加热器）　由于柜式风机盘管和组合式空调机组一般配备的均为粗效过滤器，孔眼比较大，在刚开始使用时，难免有粉尘穿过过滤器而附着在换热器的管道表面或肋片上，如果不及时清洁，就会造成换热器中冷热水或蒸汽与换热器外流过的空气热交换量降低，使换热器的换热效能不能充分发挥出来。如果附着的粉尘很多，甚至将肋片间的部分空气通道堵塞，将还会减少柜式风机盘管和组合式空调机组的处理风量，使其空气处理性能进一步降低。

清洁方式：清水冲洗或刷洗，或用专用清洗药水、清洁剂喷洒后清洗或刷洗，一般每年清洁一次。对于季节性空调系统，则在空调使用季结束后清洁一次。

柜式风机盘管和组合式空调机组在停用期间，应使其表面式换热器（表冷器或空气加热器）内保持充满水，以减轻管子锈蚀。当机房温度低于0℃时，水中应加防冻剂或直接将水全部排放干净。

（3）接水盘　表面式换热器对空气进行冷却除湿处理时，所产生的凝水会滴落在它下面的接水盘（又称为滴水盘、积水盘、集水盘、凝水盘等）中，并通过该盘的排水口排出。

由于柜式风机盘管和组合式空调机组配备的空气过滤器一般为粗效过滤器，一些细小粉尘会穿过过滤器孔眼而附着在表面式换热器表面，当其表面有凝水形成时就会将这些粉尘带落到接水盘里。此外，柜式风机盘管或组合式空调机组在稳态运行过程中，其内部工作区域适宜的温度、湿度也会给微生物创造滋生、繁殖的有利条件，大量微生物形成的黏稠菌落团也会沉积在接水盘内。

因此，对接水盘必须进行定期清洗，将沉积在接水盘内的粉尘和黏稠菌落团清洗干净。否则，沉积的粉尘和黏稠菌落团过多，一会使接水盘的容水量减少，在凝水产生量较大时，排泄不及时将会造成凝水从接水盘中溢出；二会堵塞排水口，同样产生凝水溢出情况；三会通过送风管道，随处理过的空气送入空调房间，对人员的健康构成威胁。

接水盘一般每年清洗两次。如果是季节性使用的中央空调系统，则在空调使用季节结束后清洗一次。清洗方式一般是用清水冲刷，污水经排水口由排水管排除。为了消毒杀菌，还应对清洁干净了的接水盘再用消毒水（如漂白水）刷洗一遍。

此外，为了控制微生物在接水盘内滋生、繁殖，应在接水盘内放置片剂型专用杀菌剂，或载体型专用杀菌物体（如浸载了液体杀菌剂的海绵体），并定期检查其消耗情况和杀菌效果。

（4）加湿器　一般两周清洗一次电极式和电热式加湿器内壁，以及电极和电热管上的水垢。对于红外线加湿器，重点是清除测量水位探针上的水垢，以保证探针传感的准确性。

（5）喷水室　喷嘴和挡水板一般两个月左右清洗一次，储水池和喷淋水回水过滤器一般每年清洗两次，浮球阀和溢流部件每周查看一次，有问题及时修理。

（6）风机　风机的维护保养参见单元三课题一。

（7）密封情况　发现功能段和检修门的密封条老化或由于破损、腐蚀引起漏风时要及时修理或更换。

**3. 常见问题和故障的分析与解决方法**

柜式风机盘管和组合式空调机组的常见问题与故障及其分析与解决方法见表4-3。

**表4-3　柜式风机盘管和组合式空调机组的常见问题与故障及其分析与解决方法**

| 部件 | 问题或故障 | 原因分析 | 解决方法 |
|---|---|---|---|
| 机组 | 外壳结露 | （1）绝热材料破损<br>（2）机壳破损漏风 | （1）修补<br>（2）修补 |
| 加湿器 | 加湿不良 | （1）加湿器电源故障<br>（2）电极或电热管损坏<br>（3）供水浮球阀失灵<br>（4）温度控制不当 | （1）检修<br>（2）检修或更换<br>（3）检修<br>（4）调整 |
| 换热器 | 表面温度不均匀 | 换热管内有空气 | 打开换热器放气阀排出 |
| | 热交换能力降低 | （1）换热器管内有水垢<br>（2）换热器表面附着污物 | （1）清除管内水垢<br>（2）清洗换热器表面 |
| | 漏水 | （1）接口或焊口腐蚀开裂<br>（2）放气阀未关或未关紧 | （1）修补<br>（2）关闭或拧紧 |

（续）

| 部件 | 问题或故障 | 原因分析 | 解决方法 |
|---|---|---|---|
| 接水盘 | 溢水 | （1）排水口（管）堵塞<br>（2）排水不畅<br>（3）接水盘倾斜方向不正确 | （1）用吸、通、吹、冲等方法疏通<br>（2）参见下面条目<br>（3）调整接水盘，使排水口处最低 |
| | 凝水排放不畅 | （1）外接管道水平坡度过小<br>（2）排水口（管）部分堵塞<br>（3）机组内接水盘排水口处负压，机组外接排水管没有做水封或水封高度不够 | （1）调整排水管坡度≥0.8%或缩短排水管长度就近排水<br>（2）用吸、通、吹、冲等方法疏通<br>（3）做水封或将水封高度加大到与送风机的压头相对应 |
| 空气过滤器 | 阻力增大 | 积尘太多 | 定时清洁 |
| 喷水室 | 喷嘴堵塞 | （1）过滤器失效<br>（2）金属喷水排管内生锈、腐蚀、产生渣滓 | （1）更换<br>（2）加强水处理并卸下喷嘴清洗 |
| | 喷嘴开裂 | （1）过滤器有质量问题（如材料强度不够、制造时留下裂纹等）<br>（2）安装时受力不匀<br>（3）喷淋水压过高 | （1）更换<br>（2）更换<br>（3）将水压调低到合适值 |
| | 挡水板变形 | （1）材料强度不够<br>（2）空气流分布不匀 | （1）更换<br>（2）查明原因改善 |
| | 喷嘴和挡水板结垢 | 水质不好 | （1）加强除垢处理<br>（2）卸下喷嘴和挡水板用除垢剂清洗 |

### （二）单元式空调机的运行管理

单元式空调机是单元式空气调节机组的简称，俗称柜式空调机或柜机。由于其自带制冷或热泵装置，可以外接风管或不接风管送回风，具有使用灵活、操作简便等优点，因而大量用作全空气一次回风空调系统的空调主机，广泛应用在商业、餐饮、娱乐、健身、公众服务（如邮局、银行）、证券交易等有较大面积的场所，以及无条件设置集中冷热源机房或需要部分房间的空调能随意开停、调节又不影响其他房间正常使用的场合。当其外接风管用风口送风、一台或数台单机组合作用的空调范围达到上千平方米时，人们也就把这种系统当作中央空调系统来看待。

常用的单元式空调机按其结构可分为整体式和分体式，按冷凝器的冷却方式可分为水冷式和风冷式，见表4-4。此外，按安装方式还可分为落地式和吊顶式，按是否外接送回风管可分为管道式和直吹式等。

表4-4　常用单元式空调机类别特征

| 俗称 | 主要特征 | 结构形式 | 冷却方式 | 安装方式 | 出风方式 |
|---|---|---|---|---|---|
| 水冷柜机 | 无室外机，有冷却塔、水泵 | 整体式 | 水冷 | 落地安装 | 管道式<br>直吹式 |
| 风冷柜机 | 压缩机在室内机中 | 分体式 | 风冷 | 落地安装或<br>吊顶安装 | |

**1. 开机前的检查与准备**

检查设定档位是否合适（制冷、制热的确定）。对于水系统，注意阀门位置及冷却水泵和冷却塔的检查。

**2. 起动、停机操作**

起动：冷却塔→冷却水泵→室内机。

停机：室内机→冷却水泵→冷却塔。

**3. 正常运行标志**（表4-5）

表4-5　常用单元式空调机组正常运行的参数范围

| 参数 | 水冷 | 风冷 |
|---|---|---|
| 排气压力/MPa | 1.40～1.70 | 1.70～1.90 |
| 吸气压力/MPa | 0.42～0.54 | 0.60～0.70 |
| 送回风温差/℃ | 8～15 | |

运行时应注意的事项：

1）开机时排气压力短时间内高于表中值是允许的。

2）压缩机油压通常比吸气压力高出0.15～0.30MPa。

3）水冷冷凝器的出水温度一般比冷凝温度低5～6℃，通常在30～40℃。

4）过滤器、电磁阀进出液管不应有明显温差、结霜和结露现象。

**4. 运行调节方法**

1）根据设定温度，压缩机间歇运行，风机正常运转。

2）多台机，控制运行台数。

3）通过调节新风阀、回风阀开度，调节能量输送量。

4）调节风机转速，改变风量。

**5. 维护保养**

单元式空调机的维护保养工作可以分为日常、月度、年度三个部分来进行，每个部分的检查内容是其维护保养工作的基础。根据单元式空调机的工作特点，日常、月度、年度检查的重点都不同，因此也决定了它们各自检查与维护保养的重点不同，具体内容见表4-6。

表 4-6　单元式空调机检查及维护保养内容

| 系统及部件 | | 检查及维护保养内容 | | |
|---|---|---|---|---|
| | | 日　常 | 月　度 | 年　度 |
| 总体 | | (1) 电流、电压是否正常<br>(2) 机体是否有漏风或结露处 | (1) 各紧固件是否松动<br>(2) 是否有绝热或吸声材料脱落 | (1) 机体外壳是否锈蚀<br>(2) 机内外彻底清洁 |
| 制冷系统 | 压缩机 | (1) 吸气和排气压力是否正常<br>(2) 噪声是否过大 | 壳体温度是否过高 | |
| | 蒸发器 | 是否结霜 | 是否有积尘 | |
| | 水冷冷凝器 | (1) 冷却水进出口水温是否正常<br>(2) 冷却水流量是否正常 | | 清除管内水垢 |
| | 膨胀阀、干燥过滤器 | | (1) 进出口是否结露或结霜<br>(2) 感温包的连接状态是否完好<br>(3) 是否有堵塞 | |
| | 制冷剂管道 | | | (1) 是否有泄漏<br>(2) 连接部位是否松动<br>(3) 焊接部位是否有裂纹 |
| 风系统 | 风阀 | (1) 设定位置是否有变<br>(2) 是否有噪声产生 | | |
| | 软接头 | 是否破损漏风 | | |
| | 过滤网 | | 是否需要清洁 | |
| | 风机 | 参见单元三有关内容 | | |
| | 传动装置 | 参见单元三有关内容 | | |
| | 电动机 | 参见单元三有关内容 | | |
| 接、排水系统 | 接水盘 | | (1) 是否有污物和水积存<br>(2) 是否有溢水 | |
| | 排水管 | (1) 排水是否畅通<br>(2) 水封是否起作用 | | |
| 电控系统 | 操作开关 | (1) 接触是否完好<br>(2) 操作是否灵便 | | |
| | 指示灯 | 是否指示正常 | | |
| | 继电器、保护器 | | | (1) 接触是否完好<br>(2) 动作是否灵敏 |
| | 控制器 | (1) 高低压控制器的设定值是否合适<br>(2) 温控器的设定值与动作是否一致 | | 高低压控制器的动作是否正常 |

（续）

| 系统及部件 | | 检查及维护保养内容 | | |
|---|---|---|---|---|
| | | 日 常 | 月 度 | 年 度 |
| 冷却水系统 | 阀门、软接头 | （1）进出水管路上的阀门和软接头是否漏、滴水<br>（2）保温层是否破损 | | |
| | 冷却塔 | 参见单元三有关内容 | | |
| | 水泵 | 参见单元三有关内容 | | |
| | 水质 | 参见单元五有关内容 | | |
| 风冷室外机组 | 冷凝器 | | （1）表面是否清洁<br>（2）散热气流是否良好 | |
| | 风机 | 参见单元四有关内容 | | |
| 制热系统 | 四通换向阀 | | | 是否能起换向作用 |
| | 电加热器 | 加热丝（管）是否损坏 | | 绝缘是否良好 |
| | 热水或蒸汽加热器 | | 管外是否清洁 | 管内是否结了水垢 |

表4-6只是检查维护保养工作的原则性分工，在实际工作中还应多注意以下各方面的要求：

1）通过擦拭去除机体内外各处的油污、灰尘等脏物，尤其是各部件的连接处不能遗漏。

2）过滤网要勤清洁。

3）接水盘的清洗不能忽视，注意排水要畅通，盘中不积水。

4）经常检查机组各部件间的连接螺栓是否紧固，电气元件和导线的连接是否有松动和脱焊现象，风机传动带是否损坏或张紧度不够等。

5）蒸发器表面要保持清洁，不能有灰尘和污物，更不能冻结。

6）水冷冷凝器要定期清除水垢，风冷冷凝器由于置于室外，其表面特别容易脏污，要注意及时清洁。

单元式空调机的日常维护保养制度可参见单元一有关内容。

**6. 常见问题和故障的分析与解决方法**（表4-7）

**表4-7 单元式空调机常见问题和故障的分析与解决方法**

| 问题或故障 | 原 因 分 析 | 解 决 方 法 |
|---|---|---|
| 风机不运转或不出风 | （1）停电<br>（2）熔丝熔断<br>（3）断相<br>（4）接触器触头接触不良或线圈烧坏<br>（5）电动机方面的故障 | （1）查明原因，等待复电<br>（2）查明原因，更换熔丝<br>（3）查明原因，补接上<br>（4）修复或更换<br>（5）改变电动机任意两根接线的位置 |

（续）

| 问题或故障 | 原 因 分 析 | | | 解 决 方 法 | |
|---|---|---|---|---|---|
| 风机能运转但压缩机不能起动 | （1）温度设定值过高<br>（2）接触器或中间继电器接触不良或线圈烧坏<br>（3）温控器失灵<br>（4）电动机烧坏或匝间短路<br>（5）过电流保护器动作<br>（6）高低压保护器动作 | | | （1）调低到合适值<br>（2）修复或更换<br>（3）修复或更换<br>（4）修复或更换<br>（5）查明原因，排除过电流故障<br>（6）查明原因，排除超压故障 | |
| 空调机供冷量不足 | 1. 温度设定值偏高 | | | 1. 调低温度设定值 | |
| | 2. 送风量不足 | （1）风量设定档位偏低<br>（2）新回风过滤网积尘太多<br>（3）蒸发器肋片氧化或片间脏堵<br>（4）风机容量不合适 | | 2. | （1）提高<br>（2）清洁<br>（3）清洁或更换蒸发器<br>（4）更换合适风机 |
| | 3. 蒸发器表面冻结<br>4. 系统内制冷剂不足<br>5. 膨胀阀开度不够<br>6. 膨胀阀堵塞<br>7. 干燥过滤器堵塞<br>8. 压缩机方面的故障<br>9. 机组容量偏小<br>10. 系统内混有空气 | | | 3. 关小膨胀阀<br>4. 检、堵漏，加足制冷剂<br>5. 开大到合适位置<br>6. 拆卸清洁<br>7. 更换<br>8. 查清原因，检修或更换<br>9. 更换大的或增加新的<br>10. 重新抽真空、充制冷剂 | |
| | 11. 冷凝温度偏高 | （1）水冷系统 | ①冷却水量偏小<br>②进水温度偏高<br>③冷凝器换热不良<br>④室外湿球温度过高 | ①查明是否水泵故障或阀门开度不够<br>②查明是否冷却塔故障或冷却能力不够<br>③清除冷凝器中的水垢<br>④尚无解决办法 | |
| | | （2）风冷装置 | ①冷凝器表面积尘太多<br>②通风不良或气流短路<br>③附近有散热源<br>④室外气温过高 | ①清洁<br>②改善或改装<br>③消除散热源或将风冷装置改装别处<br>④尚无解决办法 | |
| 运行噪声或振动过大 | 1. 某处紧固部件松动或脱落<br>2. 风机轴承缺油或磨损<br>3. 风机叶轮松动或变形擦壳<br>4. 压缩机液击<br>5. 压缩机内部零件损坏 | | | 1. 紧固或补上<br>2. 加油或更换<br>3. 修理<br>4. 关小膨胀阀或排放一些制冷剂<br>5. 修理或更换 | |
| 制冷运转中压缩机突然停机 | 1. 低压保护器动作 | （1）制冷剂缺很多<br>（2）膨胀阀堵塞<br>（3）干燥过滤器堵塞<br>（4）制冷剂管路节流<br>（5）空气过滤器堵塞 | | （1）检、堵漏，加足制冷剂<br>（2）拆卸清洁<br>（3）更换<br>（4）找出节流原因并修理<br>（5）清洁 | |

（续）

| 问题或故障 | | 原因分析 | 解决方法 |
|---|---|---|---|
| 制冷运转中压缩机突然停机 | 2. 高压保护器动作 | （1）水冷冷凝器：① 冷却水量不足，使进出水温差大于 8～10℃ ② 冷凝器中结水垢或堵塞 ③ 进水温度过高，超过33℃ | ① 查明是否水泵故障或冷却塔回水过少 ② 清除冷凝器中的水垢 ③ 查明是否冷却塔故障（室外湿球温度过高造成的不考虑） |
| | | （2）风冷冷凝器：① 冷凝器表面积尘太多 ② 风扇不转或反转 ③ 通风不良或气流短路 ④ 进风温度太高，超过43℃ | ① 清洁 ② 查明原因，修复或调换接线 ③ 改善或改换安装地点 ④ 查明原因，改善 |
| | | （3）制冷系统内有空气 （4）制冷剂充注太多 （5）吸气压力过高 | （3）排除或重抽真空后，再充足制冷剂 （4）放掉一部分 （5）分析其原因，降低 |
| | 3. 油压保护器动作 | （1）油中溶有过多制冷剂 （2）吸油滤网堵塞 （3）油量过少 （4）油泵故障 | （1）打开油加热器 （2）拆卸清洗 （3）添加到合适油量 （4）修理 |
| | 4. 压缩机过载 | | 4. 查明原因，修复 |
| 室内机漏水 | 1. 接水盘的排水口与排水管接头不严 | | 连接严密并紧固 |
| | 2. 接水盘漏水 | （1）接水盘排水口（管）堵塞 （2）接水盘排水不畅 （3）运行时机内为负压、排不出水 | （1）用吸、吹、冲/通等方法疏通 （2）加大排水管坡度或管径 （3）机外排水管做水封或加大自流排水的高度差 |
| 热泵型空调机能正常制冷，但不能制热 | 1. 温控器失灵 2. 冷热转换开关失灵 3. 电磁换向阀失灵 4. 电控线路连接错误 | | 1. 修理或更换 2. 修理或更换 3. 修理或更换 4. 改正 |

## 二、风管系统的运行管理

风管系统的运行管理主要是做好风管（含保温层）、风阀、风口、风管支承构件的巡检与维护保养工作。

**1. 巡检与维护保养**

（1）风管巡检及维护

1）检查风管外绝热层、表面防潮层及保护层有无破损和脱落，若有应及时修补；检查粘胶带有无裂缝、开胶现象，若有应及时更换。

2）检查法兰接头及软接头处、风阀拉杆或手柄与风管接合处有无漏风，若有应及时封堵。

3）检查非金属风管有无龟裂和粉化现象，若有应及时修补。

4）检查绝热结构外表面有无结露现象。

（2）风阀巡检及维护　风阀的类型有风管、风口调节阀、风管止回阀。巡检及维护内容有：

1）检查风阀变动是否灵活，定位是否准确，做好清洁、润滑维护工作。

2）检查阀板或叶片与阀体有无碰撞、卡死，若有应及时进行修理。

3）检查电动或气动调节阀的调节范围和指示角度是否与阀门开启角度一致，若不一致应及时校正。

（3）风口巡检及维护

1）检查叶片是否有积尘或松动，注意清洁。

2）检查可调风口调节后位置是否改变，转动部件接合处是否漏风。

3）检查可调叶片的活动处是否松紧适度。

（4）支吊构件　检查是否有变形、断裂、松动、脱落和锈蚀等。

**2. 常见问题和故障的分析与解决方法**

风管系统常见问题和故障的分析与解决方法见表4-8。

表4-8　风管系统常见问题和故障的分析与解决方法

| 问题或故障 | 原 因 分 析 | 解 决 方 法 |
|---|---|---|
| 漏风 | 1. 法兰连接处不严密<br>2. 其他连接处不严密 | 1. 拧紧螺栓或更换橡胶垫<br>2. 用玻璃胶或万能胶封堵 |
| 保温层脱离管壁 | 1. 粘结剂失效<br>2. 保温钉从管壁上脱落 | 1. 重新粘贴牢固<br>2. 拆下保温棉，重新粘牢保温钉后再包保温棉 |
| 保温层受潮 | 1. 被保温风管漏风<br>2. 保温层或防潮层破损 | 1. 参见上述方法，先解决漏风问题，再更换保温层<br>2. 受潮或含水部分全部更换 |
| 风阀转不动或不够灵活 | 1. 异物卡住<br>2. 传动连杆接头生锈 | 1. 除去异物<br>2. 加煤油松动，并加润滑油 |
| 风阀关不严 | 1. 安装或使用后变形<br>2. 制造质量太差 | 1. 校正<br>2. 修理或更换 |
| 风阀活动叶片不能定位或定位后易松动、移位 | 1. 调控手柄不能定位<br>2. 活动叶片太松 | 1. 改善定位条件<br>2. 适当紧固 |
| 送风口结露甚至滴水 | 送风温度低于室内空气露点温度 | 提高送风温度，使其高于室内空气露点温度2~3℃ |
| 送风口吹风感太强 | 1. 送风速度过大<br>2. 送风口活动导叶位置不合适<br>3. 送风口形式不合适 | 1. 开大风口调节阀或增大风口面积<br>2. 调整到合适位置<br>3. 更换 |
| 有些风口出风量过小 | 1. 支风管或风口阀门开度不够<br>2. 管道阻力过大 | 1. 开大到合适开度<br>2. 加大管截面或提高风机全压 |

**3. 运行中发生火灾时的处理**

风管系统运行时，如果送回风口作用范围内发生火灾，要立即将该系统的风机或风柜停机，防止风管系统继续送风助长火势；对能自控或手控关闭风管内防烟防火阀的则马上实施关阀操作，防止着火区域的烟、火进入送回风口后，迅速通过风管扩散到其他区域。

**课题二　空气－水系统的运行调节与维护保养**

空调房间的冷、热、湿负荷由空气和水共同负担的空调系统为空气－水系统。此种系统根据房间内的末端设备形式不同分为空气－水风机盘管系统、空气－水诱导系统以及空气－水辐射系统。目前，广泛采用的空气－水系统是风机盘管加新风系统。风机盘管空调系统是由一个或多个风机盘管机组和冷热源供应系统组成的，风机盘管机组由风机、盘管和过滤器组成，它作为空调系统的末端装置，分散地装设在各个空调房间内，可独立地对空气进行处理，而空气处理所需的冷热源（冷热水）则由空调机房集中制备，通过供水系统提供给各个风机盘管机组。

## 一、风机盘管的运行调节

风机盘管是风机盘管机组的简称，属于小型空气处理机组。风机盘管是中央空调理想的末端产品，广泛应用于宾馆、办公楼、医院、商住、科研机构等场所。风机将室内空气或室外混合空气通过表冷器进行冷却或加热后送入室内，使室内气温降低或升高，以满足人们的舒适性要求。卧式风机盘管构造如图 4-8 所示。

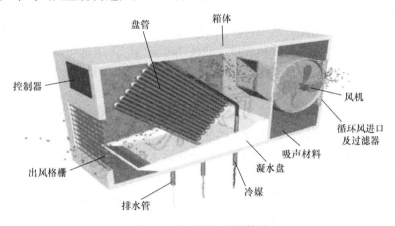

图 4-8　卧式风机盘管构造

风机盘管的运行调节可以分为两种方式：一是根据使用情况（即空调房间内的温、湿度，主要是温度情况），利用风机盘管的风量调速装置，改变风机盘管的空气循环量，来满足空调房间内的空气状态要求，即风量调节；二是通过手动或自动控制方式来调节风机盘管的冷（热）水流量或温度，达到所供冷（热）量的调节，满足空调房间的使用要求，即水量调节。

**1. 风量调节**

风量调节一般通过改变风机的转速来实现，有三速手动调节和无级自动调节等方法。

（1）三速手动调节　高、中、低三档风量手动调节方法是风机盘管最常用的调节方法，如图 4-9 所示，通常是由空调房间的使用者根据自己的主观感觉和愿望来选择或改变风机盘管的送风档。由于只有三个档的调节级次，因此室内温、湿度参数值波动较大，对室内冷热负荷变化的适应性较差。如果操作有误或调节不及时，还会引起过冷或过热。显然，这种调节方法属于阶梯形的粗调节方法。

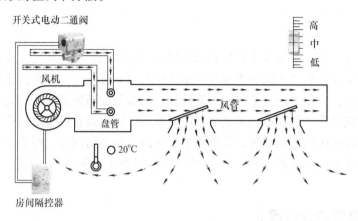

图 4-9    风机盘管风量调节

（2）无级自动调节    无级自动调节是借助一个电子温控器来完成的。空调房间使用者在起动风机盘管后，根据自己的要求设定一个室温值就可以不管了。温控器所带的温度传感器会适时检测室内温度，通过与预设室温的比较来自动调节风机盘管的输入电压，对风机的转速进行无级调节。

温差越大，风机转速越高，送风量越大，反之则送风量越小，从而实现风机盘管送风量的自动控制和无级调节，使室温控制在设定的波动范围内。无级自动调节对室内冷热负荷变化的适应性较好，能免去空调房间使用者的调节操作和不及时调节造成的不舒适感，是一种比较平滑的细调节方法。

风量调节比较简单，操作方便，容易实现，但在风量过小时会使室内的气流分布受影响，造成送风口附近与较远位置产生较大的区域温差。在夏季，如果风量太小，会造成送风温度过低，还会使风机盘管的外壳表面结露，出现滴水现象。

## 2. 水量调节

当空调房间冷、热负荷发生变化时，为了维持室内一定温度和湿度要求，通过改变风机盘管二通或三通分流阀的开度，来改变风机盘管的冷（热）水流量，以适应室内冷（热）负荷的变化，保持室温在设定的波动范围内，如图 4-10 所示。

风机盘管目前大量采用的是风量调节方式，水路上只安装一个二通分流阀，根据风机盘管是否使用或室温是否达到设定的温度值来相应地控制水路的通断。

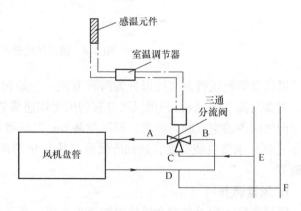

图 4-10    风机盘管的水量调节

### 二、风机盘管加独立新风系统的运行调节

风机盘管系统的空调房间新风供给方式，有室内排风造成的负压渗入新风、风机盘管自接管引入新风、独立新风系统供给新风等多种，其中以独立新风系统使用最多，它与风机盘管系统配合就组成了空气＋水空调系统中的一种最主要的形式——风机盘管加独立新风系统，如图4-11所示。

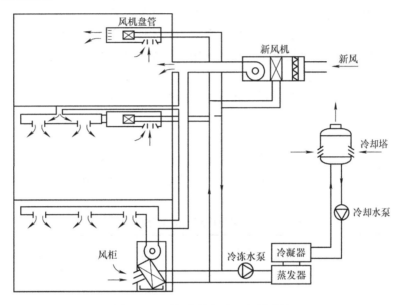

图 4-11　风机盘管加独立新风系统

空调房间的冷、热负荷可以分为瞬变负荷和渐变负荷两种。瞬变负荷主要是室内灯具、设备、人员散热和太阳辐射热所形成的负荷，可通过改变个别风机盘管的温度设定值或送风档来调节。渐变负荷主要是在室内外温差作用下，通过房间围护结构（外墙、外窗、屋顶等）传递的热量所形成的负荷，可以通过集中调节新风系统的送风温度来消除由于室外温度变化而对房间控制温度产生的影响。也就是说，由新风系统来承担渐变负荷。如果新风系统不承担室内负荷，则风机盘管就不仅要承担日常变化性质的瞬变负荷，还要承担季节变化性质的渐变负荷。由于目前风机盘管系统绝大多数采用的是双水管（一供一回），使得系统中的所有风机盘管在同一时间从供水管获得的几乎都是同一温度的冷水或热水，因此也可以通过统一调节风机盘管的供水温度来消除室外气象条件季节性变化对所有房间造成的影响。供水温度的调节则可以由运行管理人员根据室外气象条件的变化情况在冷、热源处集中进行。

### 三、风机盘管的维护保养

#### 1. 维护保养的主要部件

为保证风机盘管正常发挥作用，不产生负面影响，必须做好空气过滤网、滴水盘、盘管、风机等主要部件的日常维护保养工作。过滤网和滴水盘的维护保养工作在柜式风机盘管和组合式空调机组部分已经介绍，下面主要介绍盘管、风机等的日常维护保养工作。

（1）盘管　为了保证高效率传热，要求盘管的表面必须尽量保持光洁。盘管的清洁可参照空气过滤器的清洁方式进行，但清洁的周期可以长一些，一般一年清洁一次。如果是季节性使用的空调，则在空调使用季节结束后清洁一次。不到万不得已，不采用整体从安装部位拆卸下来清洁的方式，以减小清洁工作量和拆装工作造成的不良影响。

（2）风机　风机盘管一般采用的是多叶片双进风离心风机，这种风机的叶片是弯曲的。由于空气过滤器不可能捕捉到全部粉尘，所以漏网的粉尘就有可能黏附到风机叶片的弯曲部分，使得风机叶片的性能发生变化，而且重量增加。如果不及时进行清洁，风机的送风量就会明显下降，电耗增加，噪声加大，使风机盘管的总体性能变差。风机叶轮由于有蜗壳包围着，不拆卸下来清洁工作就比较难做，可以采用小型强力吸尘器吸的清洁方式。一般一年清洁一次，或一个空调季节清洁一次。

此外，平时还要注意检查温控开关和电磁阀的控制是否灵敏、动作是否正常，有问题要及时解决。

**2. 常见问题和故障的分析与解决方法**

风机盘管的使用数量多、安装分散，维护保养和检修不到位都会严重影响其使用效果。因此，对风机盘管在运行中产生的问题和故障要能准确判断出原因，并迅速予以解决。风机盘管常见问题和故障分析与解决方法见表4-9。

**表4-9　风机盘管常见问题和故障分析与解决方法**

| 问题或故障 | 原 因 分 析 | | 解 决 方 法 |
|---|---|---|---|
| 风机旋转但风量较小或不出风 | 1. 送风档位设置不当<br>2. 过滤网积尘过多<br>3. 盘管肋片间积尘过多<br>4. 电压偏低<br>5. 风机反转 | | 1. 调整到合适档位<br>2. 清洁<br>3. 清洁<br>4. 查明原因<br>5. 调换接线相序 |
| 吹出的风不够冷（热） | 1. 温度档位设置不当<br>2. 盘管内有空气<br>3. 供水温度异常<br>4. 供水不足<br>5. 盘管肋片氧化 | | 1. 调整到合适档位<br>2. 开盘管放气阀排出<br>3. 检查冷（热）源<br>4. 开大水阀或加大支管管径<br>5. 更换盘管 |
| 振动与噪声偏大 | 1. 风机轴承润滑不好或损坏<br>2. 风机叶片积尘太多或损坏<br>3. 风机叶轮与机壳摩擦<br>4. 出风口与外接风管或送风口不是软连接<br>5. 盘管和接水盘与供回水管及排水管不是软连接<br>6. 风机盘管在高速档下运行<br>7. 固定风机的连接件松动<br>8. 送风口百叶松动 | | 1. 加润滑油或更换<br>2. 清洁或更换<br>3. 消除摩擦或更换风机<br>4. 用软连接<br>5. 用软连接<br>6. 调到中、低速档<br>7. 紧固<br>8. 紧固 |
| 漏水 | 1. 接水盘溢水 | （1）排水口（管）堵塞<br>（2）排不出水或排水不畅 | （1）用吸、通、吹、冲等方法疏通<br>（2）加大排水管坡度或管径 |
| | 2. 接水盘倾斜<br>3. 放气阀未关<br>4. 各管接头连接不严密 | | 2. 调整，使排水口处最低<br>3. 关闭<br>4. 连接严密并紧固 |

（续）

| 问题或故障 | 原 因 分 析 | 解 决 方 法 |
|---|---|---|
| 有异物吹出 | 1. 过滤网破损<br>2. 机组或风管内积尘太多<br>3. 风机叶片表面锈蚀<br>4. 盘管翅片氧化<br>5. 机组或风管内保温材料破损 | 1. 更换<br>2. 清洁<br>3. 更换风机<br>4. 更换盘管<br>5. 修补或更换 |
| 机组外壳结露 | 1. 机组内贴保温材料破损或与内壁脱离<br>2. 机壳破损漏风 | 1. 修补或粘好<br>2. 修补 |
| 凝水排放不畅 | 1. 外接管道水平坡度过小<br>2. 外接管道堵塞 | 1. 调整坡度≥1%<br>2. 疏通 |
| 接水盘结露 | 接水盘底部保温层破损或与盘底脱离 | 修补或粘好 |

**课题三　水管系统的运行管理和维护保养**

中央空调系统可以分为风管系统和水管系统两大类，水管按其用途不同可分为冷冻水管、热水管、冷却水管、凝水管四类，水管系统的运行管理主要是做好各种水管、阀门、水过滤器、膨胀水箱以及支承构件的巡检与维护保养工作。

## 一、巡检和维护保养

### （一）巡检

**1. 水管**

检查水管的绝热层、表面防潮层及保护层有无破损和脱落，特别要注意与支（吊）架接触的部位；绝热结构外表面有无结露；对使用粘胶带封闭绝热层或防潮层接缝的，粘胶带有无胀裂、开胶的现象；有阀门的部位是否结露；裸管的法兰接头和软接头处是否漏水，焊接处是否生锈；凝水管排水是否顺畅等。

**2. 阀门**

检查各种水阀是否能根据运行调节的要求，转动灵活，定位准确、稳固；是否可关严、开到位或卡死；自动排气阀是否动作正常；电动或气动调节阀的调节范围和指示角度是否与阀门开启角度一致等。

**3. 膨胀水箱**

膨胀水箱通常设置在露天屋面上，应每班检查一次，保证水箱中的水位适中，浮球阀的动作灵敏、出水正常。

**4. 支吊构件**

检查支吊构件是否有变形、断裂、松动、脱落和锈蚀等。

### （二）维护保养

**1. 水管**

中央空调系统的水管按其用途不同可分为冷冻水管、热水管、冷却水管、凝水管四类，由于各自的用途和工作条件不一样，维护保养的内容和侧重点也有所不同。但对管道支吊架和管卡的防锈要求是相同的，要根据情况除锈刷漆。

（1）冷冻水管和热水管　当空调水系统为四管制时，冷冻水管和热水管分别为单独的管道；当空调水系统为两管制时，冷冻水管则与热水管同为一根管道。不论空调水系统为几管制，冷冻水管和热水管均为有压管道，而且全部要用保温层（准确称为绝热层）包裹起来。日常维护保养的主要任务一是保证保温层和表面防潮层不能有破损或脱落，防止产生管道方面的冷热损失和结露滴水现象；二是保证管道内没有空气，水能正常输送到各个换热盘管，防止有的盘管无水或水中带气通过而影响空调效果。为此要注意检查管道系统中的自动排气阀是否动作正常，如动作不灵要及时处理。

（2）冷却水管　冷却水管是裸管，也是有压管道，与冷却塔相连接的供回水管有一部分暴露在室外。由于目前都是使用镀锌钢管，各方面性能都比较好，管外表一般也不用刷防锈漆，因此日常不需要额外的维护保养。冷却水一般都要使用化学药剂进行水处理，使用时间长了，难免伤及管壁，要注意监控管道的腐蚀问题。在冬季有可能结冰的地区，室外管道部分要采取防冻措施。

（3）凝水管　凝水管是风机盘管系统特有的无压自流排放、不用回水的水管。由于凝水的温度一般较低，为防止管壁结露到处滴水，通常也要做保温处理。对凝水管的日常维护保养主要有两个方面的任务：一是要保证水流畅。由于是无压自流式，其流速往往容易受管道坡度、阻力、管径、水的浑浊度等影响，当有成块、成团的污物时流动更困难，容易堵塞管道。二是要保证保温层和表面防潮层无破损或脱落。

**2. 阀门**

在空调水系统中，阀门广泛地用来控制水的压力、流量、流向及排放空气。常用的阀门按阀的结构形式和功能可分为闸阀、蝶阀、截止阀、止回阀（逆止阀）、平衡阀、电磁阀、电动调节阀、排气阀等。为了保证阀门启闭可靠、调节省力、不漏水、不滴水、不锈蚀，其维护保养要做好以下几项工作：

1）保持阀门的清洁和油漆的完好状态。

2）阀杆螺纹部分要涂抹润滑脂或二硫化钼，室内六个月一次，室外三个月一次，以增强螺杆与螺母摩擦时的润滑作用，减小磨损。

3）不经常调节或启闭的阀门必须定期转动手轮或手柄，以防生锈咬死。

4）对机械传动的阀门要视缺油情况向变速箱内及时添加润滑油；在经常使用的情况下，一年全部更换一次润滑油。

5）在冷冻水管路和热水管路上使用的阀门，要保证其保温层的完好，防止发生冷、热损失和出现结露滴水现象。

6）对自动动作阀门，如止回阀和自动排气阀，要经常检查其工作是否正常，动作是否失灵，有问题就要及时修理和更换。

7）对电力驱动的阀门，如电磁阀和电动调节阀，除了阀体部分的维护保养外，还要特别注意对电控元器件和线路的维护保养。

此外，还要注意不能用阀门来支承重物，并严禁操作或检修时站在阀门上，以免损坏阀门或影响阀门的性能。阀门常见问题和故障的分析与解决方法见表4-10。

表 4-10　阀门常见问题和故障的分析及解决方法

| 问题或故障 | 原 因 分 析 | 解 决 方 法 |
|---|---|---|
| 阀门关不严 | 1. 阀芯与阀座之间有杂物<br>2. 阀芯与阀座密封面磨损或有伤痕 | 1. 清除<br>2. 研磨密封面或更换损坏部分 |
| 阀体与阀盖间有渗漏 | 1. 阀盖旋压不紧<br>2. 阀体与阀盖间的垫片过薄或损坏<br>3. 法兰连接的螺栓松紧不一 | 1. 旋压紧<br>2. 加厚或更换<br>3. 均匀拧紧 |
| 填料盒有泄漏 | 1. 填料压盖未压紧或压得不正<br>2. 填料填装不足<br>3. 填料变质失效 | 1. 压紧、压正<br>2. 补装足<br>3. 更换 |
| 阀杆转动不灵活 | 1. 填料压得过紧<br>2. 阀杆或阀盖上的螺纹磨损<br>3. 阀杆弯曲变形卡住<br>4. 阀杆或阀盖螺纹处结水垢<br>5. 阀杆下填料接触的表面腐蚀 | 1. 适当放松<br>2. 更换阀门<br>3. 校直或更换<br>4. 清除<br>5. 清除腐蚀产物 |
| 止回阀阀芯<br>不能开启 | 1. 阀座与阀芯粘住<br>2. 阀芯转轴锈住 | 1. 清除水垢或铁锈<br>2. 清除铁锈，使之活动 |
| 止回阀关不严 | 1. 阀芯被杂物卡住<br>2. 阀芯损坏 | 1. 清除杂物<br>2. 更换阀芯 |

**3. 水过滤器**

安装在水泵入口处的水过滤器要定期清洗。新投入使用的系统、冷却水系统以及使用年限较长的系统，清洗周期要短，一般三个月应拆开拿出过滤网清洗一次。

**4. 膨胀水箱**

膨胀水箱通常设置在露天屋面上，应每班检查一次，保证水箱中的水位适中，浮球阀的动作灵敏、出水正常；一年要清洗一次水箱，并给箱体和基座除锈、刷漆。

**5. 支承构件**

水管系统支承构件的维护保养，可参见风管系统支承构件的有关内容。

## 二、手动阀门的正确操作

每一种用于开关的手动阀门都带有一定大小的圆盘形手轮或一定长度的手柄，以增加开关时的力臂长度。只要阀门维护保养得好，使用其自身的手轮或手柄就能进行正常开关。当阀门锈蚀、开关不灵活时，外加物件以加长力臂来开关阀门会使阀杆变形、扭曲甚至断裂，从而造成不应有的事故。

各种阀门在开启过程中，尤其是在接近最大开度时，一定要缓慢扳动手轮或手柄，不能用力过大，以免造成阀芯被阀体卡住、阀板脱落。而且在阀门处于最大开度时（以手轮或手柄扳不动为限），应将手轮或手柄回转 1～2 圈。因为对于一般阀门而言，其开度在70%～100%时流量变化不大。回转的目的是避免操作者日后在不了解阀门是开或关的状态时强行进行开启操作而使阀杆变形或断裂。

为了避免对阀门的误操作而造成事故，处于常开或常闭状态的阀门可摘掉手轮或手柄，其他阀门最好挂上标明开、关状态的指示牌，起到提示作用。

### 三、常见问题和故障的分析与解决方法

水管系统常见问题和故障的分析与解决方法见表 4-11。

表 4-11　水管系统常见问题和故障的分析与解决方法

| 问题或故障 | 原 因 分 析 | 解 决 方 法 |
|---|---|---|
| 漏水 | 1. 丝扣连接处拧得不够紧<br>2. 丝扣连接所用的填料不够<br><br>3. 法兰连接处不严密<br>4. 管道腐蚀穿孔 | 1. 拧紧<br>2. 在渗漏处涂抹憎水性密封胶或重新加填料连接<br>3. 拧紧螺栓或更换橡胶垫<br>4. 补焊或更换新管道 |
| 保温层受潮或滴水 | 1. 被保温管道漏水<br><br>2. 保温层或防潮层破损 | 1. 参见上述方法，先解决漏水问题，再更换保温层<br>2. 受潮和含水部分全部更换 |
| 管道内有空气 | 1. 自动排气阀不起作用<br>2. 自动排气阀设置过少<br>3. 自动排气阀位置设置不当 | 1. 修理或更换<br>2. 在支环路较长的转弯处增设<br>3. 应设在水管路的最高处 |
| 阀门漏水或产生冷凝水 | 1. 阀杆或螺纹、螺母磨损<br>2. 无保温或保温不完整、破损 | 1. 更换<br>2. 进行保温或补完整 |

---

## 课题四　空调系统的维护保养

中央空调系统和设备自身良好的工作状态是其安全经济运行、延长使用寿命、保证供冷（热）质量的基础，而有针对性地做好各项维护保养工作又是中央空调系统和设备保持良好工作状态的重要条件之一。

维护保养工作是一项预防性的、有计划进行的经常性工作，其主要内容是根据维护保养制度进行必要的加油、清洁、清洗、易损材料与零件的更换等工作，以及视具体情况而进行的紧固、调整、小修小补等工作。忽视这些琐碎而繁杂的维护保养工作，往往是系统和设备运行不正常、故障频繁发生的主要原因之一。

### 一、空调系统日常维护的基本要求

对中央空调机组日常维护保养的基本要求如下：

1）中央空调机组停机期间和运行过程中，应始终保持机组外观的干净、整洁。

2）当检测到初效及中效过滤器前后压差达到初阻力的两倍时，应将滤袋取出，用肥皂水对初效及中效过滤器进行清洗，然后用清水洗净，并置于阴凉处晾干。若有破损，应及时修补或更换。

3）应定期用中性洗涤液和软毛钢刷对表冷器肋片粘积的灰尘进行清洗，清洗时注意不要碰坏肋片。

4）表冷器使用的冷媒水，一般应为 5~7℃；热媒水在 60℃ 左右，并应对热媒水进行洁

净软化处理，以减少结垢。

5）中央空调在运行过程中，冷水在表冷器内的流速调节到0.6~1.8m/s，热水在换热器内的流速要调节到0.5~1.5m/s。

6）中央空调机组喷淋室里面的喷嘴需要经常清洗和更换。

7）中央空调机组喷淋室底槽的污垢和网式水过滤器需要两个月清洗一次，喷淋室中的浮球阀的开启和关闭要保证灵活。

8）中央空调机组的检修门必须关闭严密，如果密封材料发生问题则一定要及时更换。

9）中央空调机组的所有排水口设置的水封不要被堵塞，并应该经常检查，保持完好。

10）如果中央空调需要长时间停用，则需要把表冷器内充满水，避免管子锈蚀，如果在冬季应该将盘管中的水放干净，防止盘管冷裂。

11）经常检查中央空调机组各个部分的照明线路和灯具，防止发生漏电事故。

## 二、维护保养制度

由于各种设备和装置的构造、性能、所起的作用以及工作环境不同，因此维护保养的内容和要求也会有差别，需要根据制造厂商的使用说明书或维护保养手册，结合使用场合的实际情况制订出各自的维护保养制度。

下面列举几种中央空调系统常用设备和装置的维护保养制度。

### 1. 风机盘管的维护保养制度

1）过滤网一般三个月清洁一次。

2）滴水盘一般一年清洗两次。

3）盘管视翅片间附着的粉尘情况，一年吹吸一次或用水清洗一次，翅片有压倒的要用驰梳梳好。

4）根据风机叶轮沾污粉尘情况，一年清洁一次。

5）管接头或阀门漏水要及时修理或更换。

6）滴水盘、水管、风管保温层损坏要及时修补或更换。

7）温控开关动作不正常或控制失灵要及时修理或更换。

8）风机盘管不使用时，盘管内要保证充满水，以减少管道腐蚀，在冬季不使用且在无采暖环境下的盘管要采取防冻措施，以免盘管冻裂。

9）电磁阀开关的动作不正常或控制失灵要及时修理或更换。

风机盘管维护保养计划见表4-12。

表4-12 风机盘管维护保养计划

| 序号 | 维护保养项目 | 1 | 2 | 3 | 4 | 5 | 6 | 7 | 8 | 9 | 10 | 11 | 12 | 周期/（次/年） |
|---|---|---|---|---|---|---|---|---|---|---|---|---|---|---|
| 1 | 过滤网清洁 | | | | | | √ | | | √ | | | √ | 4 |
| 2 | 滴水盘清洗 | | | | | | | √ | | | | √ | | 2 |
| 3 | 盘管清洁 | | | | | | | | | | | | √ | 1 |
| 4 | 风机叶轮清洁 | | | | | | | | | | | | √ | 1 |
| 5 | 其他 | | | | √ | √ | √ | √ | √ | √ | √ | √ | | |

说明：风机盘管的使用时间为每年的4~11月。

对于需要同时处理室外新风和室内回风的风柜或风机盘管加独立新风系统的新风机来说，由于其基本构造及工作原理与风机盘管相同，因此其维护保养制度也与风机盘管基本一样，只是对风柜和新风机的过滤网要清洗得勤一些，即清洗周期要短一些，通常 1~2 个月应清洗一次。这是因为室外环境一般比室内环境要差得多，为了保证新风的供应量和供应质量，必须加强对过滤网的清洗。

**2. 单元式空调机的维护保养制度**

1）机身清洁工作两周做一次。

2）过滤网一般两周取下来清洁一次。

3）滴水盘一般一个月清洗一次。

4）风机传动带一个月检查调整一次。

5）风机轴承一年换一次润滑油。

6）蒸发器翅片一年清洁一次。

7）水冷冷凝器一年拆下端盖清洗一次。

8）风冷冷凝器根据其表面脏污情况，一般不少于三个月清洁一次。

单元式空调机维护保养计划见表4-13。

表4-13　单元式空调机维护保养计划

| 序号 | 维护保养项目 | 1 | 2 | 3 | 4 | 5 | 6 | 7 | 8 | 9 | 10 | 11 | 12 | 周期/(次/年) |
|---|---|---|---|---|---|---|---|---|---|---|---|---|---|---|
| 1 | 机身清洁 | | | | √ | √ | √ | √ | √ | √ | √ | √ | | 2次/月 |
| 2 | 过滤网清洁 | | | | √ | √ | √ | √ | √ | √ | √ | √ | | 2次/月 |
| 3 | 滴水盘清洗 | | | | √ | √ | √ | √ | √ | √ | √ | √ | | 1次/月 |
| 4 | 风机传动带调整 | | | | √ | √ | √ | √ | √ | √ | √ | √ | | 1次/月 |
| 5 | 风机轴承换油 | | | | | | | | | | | √ | | 1次/年 |
| 6 | 蒸发器表面清洁 | | | | | | | | | | | √ | | 1次/年 |
| 7 | 水冷冷凝器清洗 | | | | | | | | | | | √ | | 1次/年 |
| 8 | 风冷冷凝器清洁 | | | | √ | | √ | | √ | | √ | | | 4次/年 |

说明：单元式空调机的使用时间为每年的 4~11 月。

## 三、维护保养记录

为了使维护保养工作不仅制度落实，而且工作落实，便于督促、检查，也为了原始资料的积累，便于以后总结与参考，各主要设备还应有必要的维护保养记录，把每一次维护保养工作的内容都记录在案备查。其记录可参照表4-14。

表 4-14　维护保养记录

封面形式：

设备维护保养记录

设备名称：＿＿＿＿＿＿＿＿＿＿＿＿＿＿＿＿＿＿＿

型号规格：＿＿＿＿＿＿＿＿＿＿＿＿＿＿＿＿＿＿＿

安装位置：＿＿＿＿＿＿＿＿＿＿＿＿＿＿＿＿＿＿＿

设备编号：＿＿＿＿＿＿＿＿＿＿＿＿＿＿＿＿＿＿＿

内页形式：

年　　月　　日

| 序号 | 维护保养项目 | 纪　　要 | 完成人 |
| --- | --- | --- | --- |
| 1 | | | |
| 2 | | | |
| 3 | | | |
| 4 | | | |
| 5 | | | |
| 6 | | | |
| 7 | | | |
| 8 | | | |

维护保养记录是在中央空调系统投入运行后形成并不断积累起来的。通过这些记录，可以使操作人员、维修人员全面掌握系统和设备维护保养情况，一方面可以防止因为情况不明、盲目使用而发生问题；另一方面还可以从这些记录中找出一些规律性的东西，经过总结、提炼后，再用于工作实际中，使维护保养水平不断提高。

### 四、检测与修理制度

不管如何加强维护保养，都只能降低设备的损坏速度，要想完全使设备不出现故障或不发生部件损坏是不可能的。中央空调系统在运行一定时间后，运动部件都会出现磨损、疲劳、间隙增大，甚至丧失工作能力；而静止的部件和管道也会产生堵塞、腐蚀、结垢、松动等现象，使设备的技术性能、系统的工作状况发生改变，甚至发生事故，影响中央空调系统的正常运行和空调的使用效果。因此，必须定期对系统和设备进行检验和测量，以便根据检测情况及时采取相应的预防性或恢复性的修理措施。通过及时发现、消除系统和设备存在的问题和潜在的事故隐患，来提高中央空调系统的"健康水平"，保证中央空调系统安全经济运行，防止意外事故的发生，延长其使用寿命，更好地为用户服务。目前设备检修的承担者有以下三种类型：

**1. 内部专职检修部门**

多数大企业，由于技术力量较强，人员可以配备较多，所以分工较细，设有专门的检修部门。

**2. 多技能操作者**

一些中小企业为了减少人员配备，用足人力资源，通常将操作与检修结合起来，运行工也是修理工，不另设专门的检修部门。

**3. 专业检修公司**

目前绝大部分物业管理企业都采用了将中央空调系统的主要设备承包给专业检修公司检修的方式，扬长避短，集中精力主要抓好其他方面的管理工作。

企业选择的设备检修承担者不同，其检测与修理制度的内容也不同。此外，检修方式不同，对检测与修理制度的内容制订也有很大影响。当前常用的检修方式有以下四种：

（1）定期检修

定期检修通常也称为计划检修，是按照一定周期进行检修的传统方式。这种检修方式的优点是可以有计划地利用设备中长期停机时间进行检修，人力、备件均可以有充分的准备。对于故障特征随时间变化的设备，这种检修方式仍是一种有效的方式。

（2）视情检修

视情检修通常也称为状态检修，是根据设备运行时检测出的数据表明必须进行检修时才安排有针对性的检修。由于故障状态可以通过检测数据预先做出判断，因此能提前做好检修计划和各项准备工作，从而大大提高检修效率，减少检修的停机时间。

（3）事后检修

事后检修是出了故障再修，不坏不修。这种方式是最古老的检修方式，但仍有存在的必要。因为通过检测的方式不可能把所有的故障隐患都发现，总有检测和预测不到的故障产生。此外，这种检修方式要求低，花费少，对于构造简单或不重要的设备尤其适用。

（4）改进检修

改进检修或称改善检修，是对设备进行改造，以弥补设备的某些缺陷和先天不足；或改进设备的性能，提高其先进性、可靠性与使用寿命，消除故障的频繁发生，使之更完善。

综上所述，检测与修理制度作为一个方面的宏观管理制度不可能有比较统一的格式和条文内容，需要企业结合自己的实际情况，灵活制订。此外，有些设备还应根据制造厂商的使用说明书或维修手册的要求单独制订有关检测与修理制度。以下格式与内容可供参考：

检测与修理制度：

1）空调系统和设备的检测每年要做一次，一般放在运行期结束后进行。

2）空调冷冻水和冷却水的水质检测在运行期间每个月做一次，锅炉的给水则2h检测一次。

3）拆卸零部件时，应严格按照设备使用说明书给出的步骤进行，严禁乱撬、乱敲，卸下的零部件应编号并按装配次序放好。

4）清洗零件时要仔细检查有无损伤，对于易锈件，清洗完毕应立即涂油防锈。

5）在进行零部件安装时要谨慎小心，注意安装质量，在安装步骤和要求没弄清之前，严禁盲目乱装和强行安装。

6）有转动部件的设备，特别是有叶轮部件的设备，在修理完试车前要仔细检查和清理现场，避免因工具、零配件、棉纱等物遗留在设备里面造成运转时的事故。

7）设备试车时要用点动，开一下，停一下，初步确定设备无异常才可以进行较长时间的运行。

8）在检测和修理过程中要注意人身和设备安全，工作前要穿戴好劳保用品和工作服，运转设备未停止前不准进行修理工作；对电动设备和电气线路进行检修时，如要切断电源，必须挂上警告牌；在用易燃物清洗零部件、配漆和刷漆时，严禁烟火；高空作业时，必须扎好安全带，下面的人员戴好安全帽，上下人员互相关照，紧密配合；焊接和切割作业场所必须注意通风，并备有灭火器材。

9）一个项目或一台设备检修工作完成后，检修负责人或主要承担人要填写检修记录表（表4-15），按表中规定的项目认真填写后交班（组）长保管。

表 4-15　检修记录表

日期：　　　年　　月　　日

| 设备名称 | | 型号规格 | | 设备编号 | |
|---|---|---|---|---|---|
| 检修原因 | | | | | |
| 故障现象 | | | | | |
| 原因分析 | | | | | |
| 检修情况纪要 | | | | | |
| 检修时间 | | 检修人 | | | |
| 备注 | | | | | |

## 五、常见问题的分析与解决方法

**1. 夏季室温出现较大控制偏差的问题**

夏季室温降不下来的原因分析与解决方法见表 4-16，夏季室温偏低的原因分析与解决方法见表 4-17。

表 4-16　夏季室温降不下来的原因分析与解决方法

| | | 原因分析 | 解决方法 |
|---|---|---|---|
| 提供的冷量不够 | 1. 送风量不足 | 1）风机盘管调速器没有放在高速档<br>2）过滤器或换热器表面积尘过多<br>3）风机传动带松弛或打滑<br>4）风管系统漏风<br>5）风口阀门开度偏小<br>6）风管尺寸偏小<br>7）风机选择不当或发生故障 | 1）调到高速档<br>2）清洁<br>3）张紧或更换传动带<br>4）堵漏<br>5）开大到合适开度<br>6）提高风速或改大尺寸风管<br>7）更换合适风量的风机或排除故障 |
| | 2. 送风温度偏高 | 1）室温设定值偏高<br>2）冷水温度偏高<br>3）冷水流量偏小<br>4）管道温升过大<br>5）新回风比不合适<br>6）制冷系统方面的问题 | 1）调低到合适值<br>2）检查冷水机组<br>3）开大水阀或加大水管管径<br>4）加厚或更换保温材料<br>5）调整到合适比例<br>6）查明原因解决 |
| 房间漏冷风 | | 房间门窗未关或关后不严或开门频繁 | 关好门窗并使其尽量密不透风或减少开门次数 |
| 阳光射入房间 | | 窗子无遮阳 | 增加遮阳装置 |
| 送回风气流短路 | | 1. 送风口与回风口距离太近<br>2. 送风方向或送风口形式不合适 | 1. 加大送回风间的距离<br>2. 改变送风方向或送风口形式 |

（续）

| 原 因 分 析 | | 解 决 方 法 |
|---|---|---|
| 室内负荷超过设计值 | 1. 偶然发生（如人员过多） | 1）降低冷水温度<br>2）降低送风温度<br>3）增大送风量 |
| | 2. 经常发生<br>1）增加了产热设备<br>2）房间功能改变 | 1）增加空调设备<br>2）改造原管路，加大供冷能力 |

表 4-17　夏季室温偏低的原因分析与解决方法

| 原 因 分 析 | | | 解 决 方 法 |
|---|---|---|---|
| 提供的冷量过多 | 1. 送风量过大 | 1）风机盘管调速器的档位设置过高<br>2）风口阀门开度偏大<br>3）风管尺寸或风速偏大<br>4）风机选择不当 | 1）调低到合适档位<br>2）关小到合适开度<br>3）调整管道阀门或风机转速，减少风量<br>4）更换合适风量的风机 |
| | 2. 送风温度偏低 | 1）室温设定值偏低<br>2）冷水温度偏低<br>3）冷水流量偏大<br>4）新回风比不合适<br>5）制冷系统方面的问题 | 1）调高到合适值<br>2）检查冷水机组<br>3）关小调节水阀<br>4）调整到合适比例<br>5）查明原因解决 |
| 室内负荷小于设计值 | | 设计计算过于保守，使末端设备选用过大或送风供冷量过大；房间功能改变 | 1. 调整水阀，减小冷水流量；调整管道或风口阀门或风机转速，减小送风量；提高供水温度 |

## 2. 新风使用方面的问题

新风使用方面问题的原因分析与解决方法见表 4-18。

表 4-18　新风使用方面问题的原因分析与解决方法

| 问题或故障 | 原 因 分 析 | 解 决 方 法 |
|---|---|---|
| 不能用全新风送风 | 1. 新风采集口面积过小<br>2. 回风总管或回风门（窗）无阀门可关死 | 1. 扩大或增设新风采集口<br>2. 增设风阀或用其他材料进行封堵 |
| 新风使用量控制不准 | 1. 对新风阀的开度特性不了解<br>2. 新风阀开度固定不牢<br>3. 新风阀的开度特性不符合调节要求 | 1. 掌握开度与风量的关系<br>2. 采取紧固措施<br>3. 更换合适的新风阀 |
| 室内空气不清新<br>（新风量不够） | 1. 新风阀开度太小<br>2. 室内人数超过设计人数 | 1. 开大到合适开度<br>2. 控制室内人数在设计范围内 |

## 3. 噪声与振动方面的问题

噪声与振动方面问题的原因分析与解决方法见表 4-19。

表 4-19　噪声与振动方面问题的原因分析与解决办法

| 问题或故障 | 原因分析 | 解决办法 |
|---|---|---|
| 柜式风机盘管、组合式空调机组或单元式空调机等设备运行噪声影响到空调房间 | 1. 通过维护结构传入<br><br>2. 通过风管传入<br><br>3. 通过集中回风口传入 | 1. 对机房进行吸声处理，对机房门进行隔声处理<br><br>2. 在送回风管上加装消声器，对管道包（贴）隔声材料<br><br>3. 将普通百叶式集中回风口改为消声式 |
| 柜式风机盘管、组合式空调机组或单元式空调机等设备运行振动影响到空调房间 | 由维护结构传入室内 | 加强原减振和隔振措施，或更换新的、合适的减振和隔振装置 |

此外，当室内空气有异味时，有以下四种可能：

1）家具、地毯、装饰材料散发出的异味。

2）空调设备内部脏污产生的异味。

3）吸烟产生的烟气。

4）有产生异味的设备。

可相应采取以下措施解决：

1）加强排风或通风换气。

2）清洁空调设备的过滤器、换热器、接水盘等。

3）加强排风与通风换气。

4）为该设备加装局部排风装置。

## 【单元小结】

为了保证室内控制参数达到要求，同时还要节能降耗、减少费用开支，必须对运行的中央空调系统进行调节。全空气系统由负担房间的冷、热、湿负荷的空气处理机组及风管系统组成，空气处理机组分为柜式风机盘管机组和组合式空调机组及单元式空调机，它们的工作原理相同、构造大同小异，但运行调节、维护保养、常见问题和故障的分析与解决方法有很大区别。全空气系统运行调节方式可分为质调节、量调节、混合调节三种。空气－水系统主要是指风机盘管系统，其运行管理的重点与全空气系统不同，主要是做好维护保养。风机盘管加独立新风系统的运行调节方法，是单独或综合使用全空气系统和风机盘管各自的运行调节方法。风管和水管由于组成材料、输送介质完全不同，因此其管道及其附件的维护保养、常见问题和故障的分析与解决方法也有很大区别。空调系统维护保养工作的主要内容是根据维护保养制度进行必要的加油、清洁、清洗、易损材料与零件的更换等工作，以及视具体情况而进行的紧固、调整、小修小补等工作，是中央空调系统和设备保持良好工作状态的重要条件之一。

# 实训一 空调系统的起动与停机

## 一、实训目的

掌握空调系统的起动运行和停机操作。

## 二、实训内容和步骤

**1. 空调系统的起动运行**

（1）开机准备工作

1）做好空调机组及有关风路、管路的内部清洁工作，然后安装过滤器。

2）全面检查设备和各个部件是否完好，各种控制阀门和开关是否灵活，是否处在正确位置上。

3）检查风机是否转动灵活无异响。

4）排除表冷器、加热器的内部积水。

5）若有喷淋段，先注水使水位与溢水器平齐，并进入喷水。

6）打开送风及回风调节阀。

（2）起动

1）按下空调机组主风机起动按钮，指示灯亮，机组开始运行，将风机频率调整到50Hz，再打开排风风机。

2）根据空调区域的规定调节温、湿度。

3）根据环境、季节的变化，通过调节新风口开启的大小，来调节受控区域的温、湿度。应注意的是，夏季新风量增加，室内温、湿度升高；冬季新风量增加，室内温、湿度降低。

4）在调节新风量无法达到规定的温、湿度时，用饱和蒸汽和冷冻水对空气进行处理。蒸汽压力控制在 0.15MPa 以下，冷冻水温度控制在 7～13℃，表冷器工作压力不大于 0.5MPa。

5）操作时每2h记录一次温、湿度及其他相关数据。

6）机组运行时要观察电流、电压是否正常，以及电动机和轴承有无异常声音和过热。

**2. 空调系统的停机操作**

1）停机时先关水或蒸汽，风机继续运行10min以上再关回、排风系统，最后关闭送风系统。

2）定期检查电器与控制设备。

3）空气过滤器前后压差达到终阻力值时，将滤袋取出清洗或更换。清洗时，首先应在室外进行拍打，再用压缩空气反吹除尘，然后用洗涤剂清洗、漂净、晾干（一般可重复三次）。

4）表冷器、加热器使用1～2年后，应用化学方法进行清洗，除去内腔的水垢，定期清洗表冷器和加热器上的灰尘。

5）定期检查喷淋段内的喷嘴，若有堵塞应及时清洗或更换；经常检查水过滤器及浮球阀，确保水流畅通及水箱内的规定水位，循环用水应经常更换。

6）在设备停运时，必须将表冷器及加热器中的存水放干净，以防冬季管子冻裂。

### 三、注意事项

1）注意人身和机件的安全，不了解的先了解后再动手。

2）未经许可，不准乱动电器按钮开关。

3）实验进行中，不能随意扳动管道、扭动螺口。

### 四、实训报告

1）空调机组开机前的准备工作有哪些？

2）空调机组的起动程序是怎样的？

3）空调机组的停机操作如何进行？

## 实训二 风机盘管系统的运行与调节

### 一、实训目的

1）了解风机盘管机组运行中的管理要求。

2）掌握风机盘管系统的运行与调节方式。

### 二、实训内容和步骤

**1. 风机盘管机组的局部调节**

为了适应空调房间瞬变负荷的变化，通常有三种局部调节方法：

1）调节风量。手动调节风机转速档（高、中、低档）。

2）调节水量。

3）调节旁通风门，仅用在要求较高的场合。

**2. 风机盘管加独立新风系统的运行调节**

1）改变温度设定值或调节送风档。

2）调节新风机。

3）调节风机盘管的供水温度。

### 三、注意事项

1）机组夏季供给的冷冻水温度不应低于5℃，冬季供给的热水温度不应高于80℃。

2）机组的回水管路上设有放气阀，运行前要将放气阀打开，排净管路内的空气再关闭放气阀。

3）装有温度控制器的机组，在夏季使用时应将控制开关调至夏季位置，在冬季使用时应将控制开关调至冬季位置。

### 四、实训报告

1）风机盘管机组如何进行局部调节？

2）简述风机盘管加独立新风系统运行调节的原理和方法。

# 实训三　风机盘管的维护

## 一、实训目的

掌握风机盘管的维护方法。

## 二、实训内容和步骤

1）清除积水盘内的污物、杂质，以免冷凝管路堵塞。

2）将风机拆除，用清水喷至风机叶轮及蜗壳内壁，然后均匀喷洒除尘清洗剂放置10～15min后用清水冲洗。

3）翅片清洗，先用清水将翅片淋湿，然后用喷壶将专用清洗剂均匀喷至翅片，放置10～15min后用高压清洗枪冲洗翅片。

4）将回风过滤网摘下，用清水冲洗网面附着的灰尘。

5）用高压空压机吹去出风口表面的灰尘。

## 三、注意事项

1）过滤网的清洁方式首选吸尘器清洁，对那些不容易吸干净的湿、重、黏的粉尘，则要采用拆下过滤网用清水加压冲洗或刷洗或用药水刷洗的清洁方式。

2）对滴水盘必须进行定期清洗（一般一年清洗两次），将沉积在滴水盘内的粉尘清洗干净。

3）风机也可采用小型强力吸尘器吸扫。

## 四、实训报告

风机盘管是如何维护保养的？

# 思 考 与 练 习

1. 全空气一次回风系统送风温度的改变方法有哪些？
2. 空调房间最小送风量的确定要考虑哪几个方面的因素？
3. 空气过滤器常见的问题和故障是什么？引起原因和解决办法如何？如何对空气过滤器进行清洁？
4. 引起接水盘凝水排放不畅的原因是什么？如何解决？
5. 如何对表面式换热器进行清洁？
6. 单元式空调机的运行调节方法有哪些？
7. 室内机漏水的原因及解决办法有哪些？
8. 风管巡检和维护的内容有哪些？风阀巡检和维护的内容又有哪些？
9. 风管系统常见的问题有哪些？如何解决？

10. 风管系统运行过程中发生火灾时应如何处理？

11. 风机盘管的运行调节方法有哪些？哪些方法是用于改变送风参数的？

12. 风机盘管加独立新风系统的调节方式有哪些？

13. 风机盘管维护保养的主要部件是哪些？如何对盘管和风机进行维护保养？

14. 风机盘管常见的问题与故障有哪些？

15. 中央空调的水管有哪些类型？如何做好各水管的维护保养？

16. 阀门的维护保养工作有哪些？

17. 膨胀水箱如何维护保养？

18. 在中央空调系统的运行管理和维护保养过程中如何正确操作手动阀门？

19. 中央空调机组日常维护保养的基本要求有哪些？

20. 为什么要做好中央空调系统的维护保养记录？

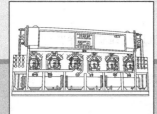

# 单元五
## 中央空调水系统的管理

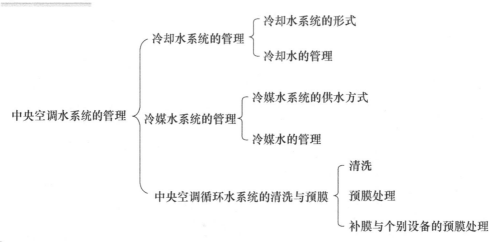
【学习引导】

**目的与要求**

➡ 熟悉冷却水系统的管理

➡ 熟悉冷媒水系统的管理

➡ 了解中央空调循环水系统的清洗与预膜

**重点与难点**

重点：1. 冷却水、冷媒水系统的管理

　　　2. 中央空调循环水系统的清洗和预膜

难点：中央空调循环水系统的清洗与预膜

---

**课题一　　冷却水系统的管理**

　　中央空调冷却水循环系统由冷却水泵、冷却水管道、冷却水塔及冷凝器等组成。冷却水经冷却水泵加压进入空调主机冷凝器产生热交换，把冷凝器中的热量带到冷却塔上端，流经一层又一层的填料，再加上冷却塔风机的运转作用，使冷却水与空气产生对流，带走冷却水带来的热量，经过降温后的冷却水流入冷却塔底盘，继续循环工作，如图 5-1 所示。

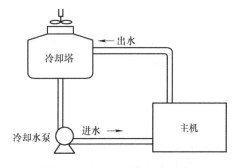

图 5-1　中央空调冷却水系统

## 一、冷却水系统的形式

按供水方式的不同，冷却水系统可以分为以下三种：

### 1. 直流供水系统

直流供水系统比较简单，冷却水经过冷凝器等用水设备后直接排入河道或下水道，或用于厂区综合用水以及农田灌溉。它一般适用于水源水量比较充足的地方。

当地面水源水量充足（如江、河、湖泊），水温、水质也比较合适，且大型冷冻站用水量较大，采用循环冷却水系统耗资较大时，可以采用河水直排冷却系统。

当附近地下水资源丰富、地下水温度比较低（一般为 13~20℃）时，可考虑水的综合利用，利用水的冷量后，进入全厂管网系统，作为生产、生活用水。

### 2. 混合使用供水系统

从冷凝器排出的冷却水分成两部分，一部分直接排掉，另一部分与供水混合后循环使用。它一般适用于使用地下水等冷却水温度较低的场合，如图 5-2 所示。

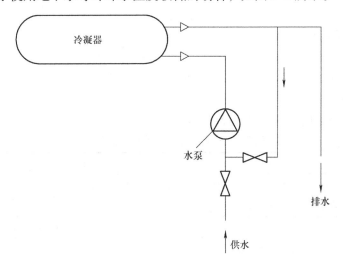

图 5-2　混合使用供水系统

### 3. 循环冷却水系统

循环冷却水系统在空调工况下大量使用，只需要补充少量补给水，但需要增加循环水泵和冷却设备等，系统比较复杂，常在水源水量较小、水温较高时使用。其形式有敞开式和密闭式两种，敞开式循环冷却水系统是指冷却水经过冷却塔与空气直接接触被冷却，再返回系统循环使用的水系统，以效果好、造价低而广泛应用于工程中。但在敞开式循环冷却水系统实际运行过程中，循环冷却水经逐渐蒸发冷却后浓缩，水中 $Ca^{2+}$、藻类、悬浮物逐渐增加，经风吹日晒，空气中的粉尘、杂物、可溶性气体污染使水质产生很大的变化，致使系统结垢、腐蚀和微生物大量繁殖生长，系统热阻增大，热交换率降低，设备腐蚀及寿命缩短，故应重视冷却水循环过程中的管理。

## 二、冷却水的管理

中央空调冷却水的管理主要是指冷却水水质管理和水处理。

### （一）冷却水水质管理

**1. 水质管理内容**

搞好冷却水的水质管理，不仅对中央空调系统的安全、经济运行有重要意义，而且对减少排污量、最大限度地减少补充水量、节约水资源和水费也具有重要意义。为此，要从以下四个方面做好冷却水水质管理的工作：

1）为了防止系统结垢、腐蚀和菌藻繁殖，当采用化学方法进行水处理时，要定期投加化学药剂。

2）为了掌握水质情况和水处理效果，要定期进行水质检验。

3）为了防止系统沉积过多的污物，要定期清洗。

4）为了补充蒸发、飘散和泄漏的循环水，要及时补充新水。

要做好上述四个方面的工作，第一，必须掌握循环冷却水的水质标准；第二，要了解循环冷却水系统结垢、腐蚀、菌藻繁殖的原因和影响因素；第三，要掌握阻垢、缓蚀、杀生的基本原理以及采用化学方法进行水处理时需使用的化学药剂的性能和使用方法；第四，会根据水质情况，经济合理地采用不同手段进行水处理。

**2. 冷却水水质标准**

冷却水对水质的要求不是很高。对于水中的有机物和无机物，不要求完全清除，只要求控制其数量，防止微生物大量生长，以避免其在冷凝器或管道系统中形成积垢或将管道堵塞。

空调系统冷却水的水质标准见表5-1。

表5-1　空调系统冷却水的水质标准

| 项目 | 单位 | 水质标准 | 危　害 |
|---|---|---|---|
| 浊度 | mg/L | 根据生产要求确定，一般不应大于20；当换热器的形式为板式、套管式时，一般不宜大于10 | 过量会导致污泥危害及腐蚀 |
| 含盐量 | mg/L | 设防腐蚀剂时，一般不宜大于2500 | 腐蚀、结垢随含盐量的增加而递减 |
| 碳酸盐硬度 | mg/L | 在一般水质条件下，若不投加阻垢分散剂，不宜大于3<br>投加阻垢分散剂时，应根据所投加的药剂品种、配方及工况条件确定，可控制在6~9 | |
| 钙离子（$Ca^{2+}$）浓度 | mg/L | 投加阻垢分散剂时，应根据所投加药剂的品种、配方和工况条件确定，一般情况下低限不宜小于1.5（从腐蚀角度要求），高限不宜大于8（从阻垢角度要求） | 结垢 |
| 镁离子（$mg^{2+}$）浓度 | mg/L | 不宜大于5，并按 $mg^{2+}$（mg/L）× $SiO_2$（mg/L）< 15000（mg/L）$^2$ 验证（$mg^{2+}$以 $CaCO_3$ 计） | 产生类似蛇纹石组成污垢，黏性很强 |

（续）

| 项目 | 单位 | 水质标准 | 危　害 |
|---|---|---|---|
| 铝离子（$Al^{3+}$）浓度 | mg/L | 不宜大于 0.5（以 $Al^{3+}$ 计） | 起粘结作用，促进污泥沉积 |
| 铜离子（$Cu^{2+}$）浓度 | mg/L | 一般不宜大于 0.1，投加铜缓蚀剂时应按试验数据确定 | 产生点蚀，导致局部腐蚀 |
| 氯离子（$Cl^-$）浓度 | mg/L | 投加缓蚀剂时，对不锈钢设备的循环用水不应大于 300（指含铬、镍、钛、钼等元素的不锈钢）。投加缓蚀剂时，对碳酸设备的循环用水不应大于 500 | 强烈促进腐蚀反应，加速局部腐蚀，主要是裂缝腐蚀、点蚀和应力腐蚀开裂 |
| 硫酸根（$SO_4^{2-}$）浓度 | mg/L | 投加缓蚀剂时，$Ca^{2+}$（mg/L）× $SO_4^{2-}$（mg/L）< 750000（mg/L）$^2$<br>系统中混凝土材质的影响控制要求按 GB 50021—2001《岩土工程勘察规范》中的规定 | 它是硫酸盐还原菌的营养源，浓度过高会出现硫酸钙的沉积 |
| 硅酸（以 $SiO_2$ 计）浓度 | mg/L | 不大于 175，并按 $mg^{2+}$（mg/L）× $SiO_2$（mg/L）≤ 15000（mg/L）$^2$ 验证（$mg^{2+}$ 以 $CaCO_3$ 计） | 出现污泥沉积及硅垢 |
| 含油量 | mg/L | 不应大于 5 | 附于管壁，阻止缓蚀剂与金属表面接触，是污垢粘结剂、营养源 |
| 磷酸根（$PO_4^{3-}$）浓度 | mg/L | 根据磷酸钙饱和指数进行控制 | 引起磷酸钙沉淀 |
| 异养菌总数 | mg/L | $< 5 \times 10^5$ | 产生污泥和沉积物，带来腐蚀，破坏冷却塔木材 |

### 3. 水质检测

水质检测是分析循环冷却水的水质是否符合要求，水质处理（简称水处理）效果是否达到预期目标的必要手段。在中央空调系统使用期间，应每个月检测一次，以决定是否需要补加各种水处理药剂或进行系统清洗。主要检测以下内容：

（1）pH 值　pH 值在循环冷却水项目检测中占有重要位置。补充水受外界影响，pH 值可能变化；循环冷却水由于 $CO_2$ 在冷却塔的逸出，随着浓缩倍数的升高，pH 值会不断升高；某些药剂配方要求将循环水的 pH 值控制在一定的范围内才能发挥最大作用。所有这些，都决定了 pH 值是一个重要指标，尤其对低 pH 值的水处理配方更为敏感。

（2）硬度　在循环冷却水中，要求具有一定数量的钙离子。一般而言，循环冷却水中若钙、镁离子浓度有较大幅度下降，说明结垢加重；若钙、镁离子浓度变化不大，说明阻垢效果稳定。

（3）碱度　碱度是操作控制中的一个重要指标，当浓缩倍数控制稳定，没有其他外界干扰时，由碱度的变化可以看出系统的结垢趋势。

（4）电导率　浓缩倍数是循环冷却水系统操作中的一个重要指标。通常将循环冷却水及补充水中的氯离子浓度的比值作为循环水的浓缩倍数。但该值往往受加氯的影响，且水中氯离子浓度都不太高，其计算结果误差较大，因此常采用测定水中钾离子浓度或电导率的方法来计算。

通过对电导率的测定可以确定水中的含盐量。含盐量对冷却系统的沉积和腐蚀有较大影响，这也是人们注意水中含盐量的原因。

水中含盐量是水中阴、阳离子的总和，离子浓度越高，则电导率越大，反之则越小。水中离子组成比较稳定时，含盐量与电导率大致有一定的比例关系。用电导率表示水中的含盐量，比起用化学分析方法要简单得多。因此也用电导率的比值来计算浓缩倍数。

（5）悬浮物　循环冷却水中悬浮物的含量是影响污垢热阻和腐蚀率的一项重要指标，当发生异常变化时，要求及时查明原因，以便采取相应的对策，如菌藻繁殖、补充水悬浮物过多、空气中灰尘多等都可以增加循环冷却水的悬浮物含量。再者，悬浮物含量高是循环冷却水系统形成沉积、污垢的主要原因，这些沉积物不仅影响换热器的传热效率，同时也会加剧金属的腐蚀。

（6）游离氯　在循环冷却水中控制菌藻微生物的数量是很重要的一个环节。大量调查表明，循环冷却水的余氯量一般都在 0.5～1.0mg/L，因此，监测余氯对杀菌灭藻保证水质有重要意义。如果通氯后仍连续测不出余氯，则说明系统中硫酸盐还原菌大量滋生。因此通过测定余氯，可及时发现系统中的问题。

（7）药剂浓度　检测药剂浓度的目的是保持药剂浓度的稳定，以便及早发现问题，及时处理，确保水质符合要求。

此外，如果有条件也有必要的话，还可以增加微生物分析、垢层与腐蚀产物的成分分析、腐蚀速率测定、生物黏泥量测定等检测项目。

**（二）冷却水处理**

冷却水处理方法可分为物理方法和化学方法。

**1. 物理方法**

目前常用的物理水处理方法有磁化法、高频水改法、静电水处理法和电子水处理法。

（1）磁化法　磁化法就是让水流过一个磁场，使水与磁力线相交，水受磁场外力作用后，其中的钙、镁盐类不生成坚硬的水垢，而生成松散的泥渣，能在排污时排出。

能进行磁化法水处理的设备称为磁水器，按产生磁场的能源和结构方式，磁水器主要分为两大类，即永磁式磁水器（靠永久磁铁产生磁场）和电磁式磁水器（靠通入电流产生感应磁场）。

经实践检验，磁水器用于处理负硬水效果最显著，对总硬度小 500mg/L（以 $CaCO_3$ 计）、永硬度小于总硬度的 1/3 的水，处理效果较好。

（2）高频水改法　高频水改法是让水经高频电场后，使水中钙、镁盐类结垢物质都变成松散的泥渣而不结硬垢。能对水进行高频水改法处理的设备称为高频水改器，它由振荡器和水流通过器（又称为换能器或水改器）两部分组成。振荡器利用电子管的振荡原理发生高频率电能；水流通过器则由同轴的金属管、瓷管（或玻璃管）和铜网组成，金属管为外电极，铜网为内电极，两者之间形成高频电场，水流则从金属管与瓷管（或玻璃管）之间的空间流过。

一般认为高频水改器的使用效果与磁水器很相似，但其操作不如磁水器简便，操作稍不注意电子管很容易烧坏，日久电子管的性能也易衰退。

（3）静电水处理法　静电除垢的设备称为静电除垢器，它由水处理器和直流电源两部分组成。水处理器的壳体为阴极，由镀锌无缝钢管制成，壳体中心装有一根阳极心棒，心棒外套有聚四氟乙烯管，以保证良好的绝缘性。被处理的水经阳极和壳体之间的环状空间流过；直流电源采用高压直流电源，或称高压发生器。

（4）电子水处理法 采用电子水处理法的设备称为电子水处理器，其工作原理是：当水流经过电子水处理器时，在低电压、微电流的作用下，水分子中的电子将被激励，从低能阶轨道跃迁向高能阶轨道，而引起水分子的电位能损失，使其电位下降，致使水分子与接触界面（器壁）的电位差减小，甚至趋于零，这样会使：

1）水中所含盐类离子因静电引力减弱而趋于分散，不致趋向器壁积聚，从而防止水垢生成。

2）水中离子的自由活动能力大大减弱，器壁金属离解也将受到抑制，对无垢的新系统起到防蚀作用。

3）水中密度较大的带电粒子或结晶颗粒沉淀下来，使水部分净化，这也意味着具有部分去除水中有害离子的作用。

电子水处理器的构造与静电除垢器相似，也是由水处理器和直流电源组成的，所不同的是电子水处理器的阳极是一根金属电极，并与水直接接触；此外，电子水处理器采用的是低压直流电源。

水经电场或磁场处理后，可暂时消除碳酸钙的结晶附壁能力，可以防止在热交换器传热表面上结垢。经过电场或磁场处理，水不增加任何污染物质，水的化学成分无任何变化，物理性质也基本无变化，但是水中的成垢物质却由结硬垢变为形成不黏附絮团。

试验表明，经过电场或磁场处理的水能持续数十小时保持其防垢能力，即使是在被处理水受搅动、被传输时，也能使防垢能力保持数小时至十几个小时。

为了保证电场或磁场处理装置的处理效果，首先要保证其有效工作的基本条件。对电场处理装置来说就是保证静电电压达 7000V 以上，对磁场处理装置来说则是保证磁感应强度达到 $0.3 \sim 0.6$T［特（斯拉）］，能达到 1T 最好，最低不能低于 200mT。其次，要保持必要的排污，使析出的絮状水渣及时排走。再次，被处理的水量应尽量少。

实践表明：电场或磁场处理装置的容量越小，防垢作用越好；被处理的水量越大，效果越难保证。

一般认为，水经电、磁场处理后，能保持不结垢，菌藻等微生物就失去了栖息、繁殖的场所，而清洁的换热器铜管表面存在的铜离子本身又有抑制菌藻繁殖的作用，因此，也就同时起到了投药杀菌灭藻或使用黏泥剥离剂保洁的作用。

由于结垢和腐蚀之间关系密切，因此防止结垢就能减轻和阻止腐蚀的发展。尤其是黄铜冷凝器管，其主要腐蚀形式之一是沉积物下的腐蚀，电、磁场能解决防垢和除垢问题，也就意味着有减轻或防止腐蚀的作用。

采用物理水处理方式，除了购买处理设备的一次投资外，其运行费用极低，并基本不需要维护保养，也没有二次污染问题。但其最大的缺点是防垢能力有一定时限，超过了这个时限，不继续对水进行处理就仍然会产生结垢现象。此外，在使用此类装置时，还必须遵循一定的使用方法，在不符合有关规定的条件下使用，也会使其防垢作用受影响，甚至无防垢作用。

**2. 化学方法**

开式循环冷却水系统的水处理，是根据水质标准，通过投加化学药剂或用其他方法来防止结垢、控制金属腐蚀、抑制微生物的繁殖。目前使用最广泛的是用化学方法进行水处理

（简称化学水处理），所使用的化学药剂根据其主要功能分为阻垢剂、缓蚀剂和杀生剂三种。

（1）垢和阻垢剂

1）垢的形态。黏附在冷却水侧管壁表面上的沉积物统称为"垢"，按沉积物的成分可分为水垢、污垢和黏泥。

水垢也叫水生垢或硬垢，是溶于水中的盐类物质。由于温度升高或冷却水在冷却过程中的不断蒸发浓缩，使冷却水中的盐类物质超过其饱和溶解度而结晶析出沉积在金属表面上，因此又称为盐垢，如碳酸钙、硫酸钙、磷酸钙、碳酸镁、氢氧化锰、硅酸钙等。其中碳酸钙垢最常见，危害最大。如果结晶的盐类物质在析出沉淀成垢的过程中，夹带着微生物新陈代谢产生的分泌物、微生物残骸、腐蚀产生的含水氧化物、黏土、腐殖物以及凝胶物质集合体，其所形成的沉积物即为污垢。如果沉淀物中金属盐类物质较少，其主要成分是微生物的分泌物、残骸、凝胶物质以及有机腐殖质，所形成的黏浊物就称为黏泥，有的也称为生物黏泥。

2）垢的危害。无论是由难溶盐所产生的水垢，还是由以泥沙、微生物和胶体性的有机物等形成的污垢或黏泥，它们附着在热交换器的管壁上都像一个绝缘体，其所造成的危害主要表现在以下几个方面：

① 增大了冷却水与制冷剂或空气间热传导过程中的热阻，即降低了热交换器的换热效率。

② 缩小了管道过水断面，即降低了通水能力，同样使热交换器的换热效率降低。

③ 增大了水流阻力，使电耗增加，运行费用加大。

④ 促进或直接引起金属腐蚀，缩短了管道或设备的正常使用寿命。

⑤ 增加检修工作量，缩短了正常运行周期。

⑥ 增加水处理的药剂用量或降低药剂的使用效果。

3）影响垢形成的主要因素。要缓解和防止循环冷却水系统结垢，了解影响垢形成的主要因素是很有必要的。影响垢形成的因素很多，但主要是冷却水的水质特性、水温、水的流速、水中微生物、腐蚀产物、热交换器的结构等。

① 水质特性。冷却水的硬度、碱度、悬浮物和含盐量等是影响垢形成的主要因素。从硬垢的成分分析来看，钙、镁占主要地位，而污垢中则以泥沙和有机物为最多。从水的酸碱性来看，碱性条件下虽然有利于防止腐蚀，但钙、镁盐类容易从水中析出成垢，胶体杂质在碱性条件下容易混凝沉淀促成污垢，生物污泥在碱性条件下也容易导致产生难以清除的黏垢。

② 水温。水温高低直接影响着冷却水的结垢过程，水温越高则冷却水产生垢的倾向就越大。因为水温升高会加速碳酸盐的分解，进而增高了水的 pH 值；pH 值升高则钙、镁盐的溶解度就降低。此外，由于水中的硫酸钙、氢氧化镁、碳酸钙等硬度盐类均为随水温升高而溶解度减小的反溶解度盐，在水温升高时也易于或加速结晶析出沉积。因此，在循环冷却水系统中，水温和换热设备壁温越高的部位水垢越厚。

③ 水的流速。冷却水在管道或热交换器中的流速如果太低或水流分布不均匀形成滞流区和死角，则含于水中的悬浮物或其他固形物就易于沉淀；如果水流速度较快，不仅能用水流将沉积物带走，而且可以利用水流的冲刷作用，将粘附在金属表面上的沉积物剥离下来。所以，为了防止沉积，《工业循环冷却水处理设计规范》规定，敞开式系统中换热设备的循

环冷却水流速,在管程中循环不宜小于 0.9m/s;在壳程中循环不应小于 0.3m/s。

④ 水中微生物的生长。微生物新陈代谢过程中分泌出的黏液与冷却水中的各种污染物粘聚,常形成难以处理的污垢。铁细菌能吸收水中溶解性铁化合物,使铁的化合物包围在细菌本身细胞的外面,形成不溶性的黏泥状氧化铁沉积物。藻类微生物主要生长在冷却塔内,当被水冲刷后随水流带入热交换器时,遇到细菌分泌的黏液或冷却水中形成的胶体化合物以及冷却水中的各种污染物,就会粘聚结合,形成污垢或黏泥。此外,还有因投加杀菌灭藻剂后产生的菌藻类残骸,也是形成污垢的主要污染源。

⑤ 腐蚀产物。金属腐蚀时,在腐蚀部位能粘聚水中的各种有机或无机污染物,形成污垢;此外,金属铁进一步氧化还能生成沉淀。同时,它也引起或促进其他金属离子的沉淀。

⑥ 热交换器的结构。热交换器的结构和水流通道的情况会影响到水流状态和热交换器内的温度分布。一般来说,板式和螺旋式热交换器都会使水流处于湍流状态,使其具有剥离污垢的作用,而不会促进结垢过程。冷却水从热交换器的管内或管间流动也大不相同,从管间流动时,由于设备内存在着死角,水流速度在这些死角区就要降低或趋近于零,因而易造成局部温度过高或出现过热现象,含于水中的盐类物质就会结晶析出沉淀,流速降低还会导致污垢物质的沉积。在有折流板或挡板的热交换器内,冷却水则呈变速流动状态,在流速高的部位能产生冲刷作用,使粘着在金属表面上的垢层污物被剥离,从而阻止垢层增长,在流速低的地方则促进硬垢的形成和污垢的沉积。

⑦ 换热设备的金属材料和表面粗糙度。换热设备金属材料的导热系数越大,壁温就越高,容易使其附近的水中盐类物质析出成垢,附着于壁上。换热设备与水接触的表面越粗糙,水流越缓慢,壁面就越容易沉积垢层。

4)阻垢剂。对于污垢和黏泥,可以采取定时冲洗并部分排水同时补充新鲜水的排污方法来解决;对于水垢,则可采用加酸法(又称为酸化法)、加 $CO_2$ 法(又称为碳化法)和投加阻垢剂法(又称为药剂法)来阻止其生成。目前国内外应用最广泛、效果最好的是投加阻垢剂法,常用的阻垢剂见表 5-2。

表 5-2 常用阻垢剂的用量及特性

| 类别 | 化(聚)合物 | | 用量/(mg/L) | 特性 |
|---|---|---|---|---|
| 聚磷酸盐 | 六偏磷酸钠($NaPO_3)_6$) | | 1 ~ 5 | 1. 在结垢不严重或要求不太高的情况下可单独使用<br>2. 低剂量时起阻垢作用,高剂量时起缓蚀作用 |
| | 三聚磷酸钠($Na_5P_3O_{10}$) | | 2 ~ 5 | |
| 有机膦酸盐类 | 含氮 | 氨基三甲叉膦酸(ATMP) | 1 ~ 5 | 1. 不宜单独使用,一般与锌、铬或磷酸盐共用<br>2. 含氮的不宜与氯杀菌剂共用 |
| | | 乙二胺四甲叉膦酸(EDTMP) | | |
| | 不含氮 | 羟基乙叉二膦酸(HEDP) | | |
| 有机磷酸酯类 | 单元醇磷酸酯<br>多元醇磷酸酯<br>氨基磷酸酯 | | 5 ~ 30 | 与其他抑制剂联合使用时效果最好 |

（续）

| 类别 | 化（聚）合物 | 用量/（mg/L） | 特性 |
|---|---|---|---|
| 聚羧酸类 | 聚丙烯酸<br>聚马来酸<br>聚甲基丙烯酸 | 1~5 | 铜质设备使用时必须加缓蚀剂 |

5）选用阻垢剂的原则。

① 阻垢效果好。

② 化学稳定性好，在高浓缩倍数和高温情况下，以及与缓蚀剂、杀生剂共用时，阻垢效果也不明显下降。

③ 符合环保要求，无毒或低毒，易生物降解。

④ 配制、投加、操作等简便。

⑤ 价格低廉，易于采购，运输、储藏方便。

使用情况表明，绝大多数的阻垢剂在单独使用时效果较差，几种复合使用时阻垢效果就显著提高，这是应该引起注意的。

（2）腐蚀和缓蚀剂

1）腐蚀类型。冷却水系统中所发生的对金属的腐蚀一般分为化学腐蚀、电化学腐蚀和微生物腐蚀三种类型。冷却水对金属的腐蚀主要是电化学腐蚀。

2）影响腐蚀的外部因素。影响金属腐蚀的因素分为金属材质及其内部结构组织和外部环境条件两个方面，作为中央空调系统运行管理者来说，前者是无法改变的，而后者是可以通过努力来改变和控制的，因此有必要多了解一些详情。外部因素包括水中溶解氧、二氧化碳、水的 pH 值、水温、水的含盐量、水中沉积物、水流速度、水中离子含量、热负荷等。

① 溶解氧。一般情况下，冷却水中氧含量越多，金属的腐蚀就越严重。

② 二氧化碳。循环冷却水中的游离二氧化碳（$CO_2$）含量一般均较少，游离 $CO_2$ 能溶解设备和管道的保护膜，从而引起金属的腐蚀。此外，它与氧共存时，还会进一步促进金属的腐蚀。

③ pH 值。循环冷却水的 pH 值在 4.3~9.5 时，金属的腐蚀速度保持定值，但当 pH 值小于 4.3 时，腐蚀速度会加快，此现象称为酸性腐蚀。当 pH 值大于 9.5 时，会在金属表面形成钝化层，从而增强了金属的耐蚀性，因此会降低腐蚀速度。

④ 水温。金属的腐蚀速度随着水温的升高而增加。试验表明，温度每升高 15℃ 左右，对金属的腐蚀速度可能成倍增加。因为水温升高，水中各种物质的扩散速度就加快，从而加速了金属的腐蚀。

⑤ 含盐量。循环冷却水的含盐量越多，则腐蚀速度就越快。因为含盐量多，水的电阻就小，当产生电化学腐蚀时，电流就大，所以金属的腐蚀速度就加快。

⑥ 沉积物。各种沉积物沉淀到金属表面会形成贫氧区，往往引起垢下局部腐蚀。

⑦ 水流速度。水流速度大有利于金属表面的清洁，同时也有助于投入水中的缓蚀剂到达金属的所有表面，降低金属的腐蚀速度。所以，当水从管内流动时，建议流速不低于 0.9m/s；当水从管间流动时，流速不低于 0.3m/s。但是还应该看到，水流速度大也使氧的扩散速度增大，会促进腐蚀；此外，水流速度大对金属表面的腐蚀也会增大。

⑧ 某些离子浓度。钙、镁离子浓度高则有产生难溶盐沉积的危害，但如钙离子浓度过低（以 $CaCO_3$ 计，小于 50mg/L），则不利于缓蚀作用。

氯离子属于侵蚀性离子，穿透能力强，浓度高时易穿透金属表面的保护膜，且能促进氧化膜的溶解，进而导致局部腐蚀，特别是对不锈钢易产生点蚀或孔蚀。

⑨ 热负荷。热交换器中热负荷（或传热量）大，易破坏形成的保护膜。此外，热负荷大，冷却水温度就高，水中的溶解氧也易于析出，在某种条件下有助于腐蚀。但热负荷大，易使铁受到腐蚀。

3）缓蚀剂。要控制循环冷却水对金属的腐蚀，应从两个方面着手来做工作，除了一方面要消除或减少影响腐蚀的外部因素外，另一方面，也是最重要的一方面，就是要加强水处理。

循环冷却水对金属的腐蚀，如前所述，主要是电化学腐蚀。为了防止电化学腐蚀，一般采用的方法是向循环水中投加某些化学药剂。

缓蚀剂一般是指能抑制（减缓或降低）金属处在具有腐蚀性环境中产生腐蚀作用的药剂。不论采用何种化学药剂都难使金属达到完全没有腐蚀的程度，所以把这种化学药剂称为腐蚀抑制剂或缓蚀剂。

按缓蚀剂所形成保护膜（或称防腐蚀膜，简称防蚀膜）的特性，可将缓蚀剂分为氧化膜型和沉淀膜型两种，一些代表性的缓蚀剂见表5-3。

表5-3　代表性缓蚀剂及防蚀膜的类型和特性

| 防蚀膜的类型 | | 典型的缓蚀剂 | 使用量/（mg/L） | 防蚀膜的特性 |
| --- | --- | --- | --- | --- |
| 氧化膜型 | 铬酸盐 | 铬酸钠、铬酸钾 | 200 ~ 300 | 膜薄、致密、与金属结合牢固、耐蚀性好 |
| | 亚硝酸盐 | 亚硝酸钠、亚硝酸铵 | 30 ~ 40 | |
| | 钼酸盐 | 钼酸钠 | 50 以上 | |
| 沉淀膜型 | 水中离子型 | 聚磷酸盐 六偏磷酸钠、三聚磷酸钠 | 20 ~ 25 | 膜多孔、较厚、与金属结合性能较差 |
| | | 硅酸盐 硅酸钠（水玻璃） | 30 ~ 40 | |
| | | 锌盐 硫酸锌、氯化锌 | 2 ~ 4 | |
| | | 有机磷酸盐 HEDP、ATMP、EDTMP | 20 ~ 25 | |
| | 金属离子型 | 巯基苯并噻唑（MBT） 苯并三氮唑（BTA） 甲基苯并三氮唑（TTA） | 1 ~ 2 | 膜较薄、比较致密、对铜及铜合金具有特殊缓蚀性能 |

氧化膜型缓蚀剂与金属表面接触进行氧化而在金属表面上形成一层薄膜，这种薄膜致密且与金属结合牢固，能阻碍水中溶解氧扩散到金属表面，从而抑制腐蚀反应的进行。实践证明，使用铬盐缓蚀剂所生成的防腐蚀膜效果最好，但其最大缺点是毒性大，如无有效回收及处理措施会产生公害。

沉淀膜型缓蚀剂与水中的金属离子（如钙）作用，形成难溶的盐，当从水中析出后沉淀吸附在金属表面上，从而抑制腐蚀反应的进行。金属离子型的缓蚀剂不和水中的离子作用，而是和被防腐蚀的金属离子作用形成不溶性盐，沉积在金属表面上以起到防腐蚀作用。金属离子型缓蚀剂所形成的沉淀膜比水中离子型缓蚀剂所形成的膜致密而薄。水中离子型缓蚀剂如投加量过多，则有产生水垢的可能，而金属离子型缓蚀剂则无此弊病。

当循环冷却水系统中有铜或铜合金换热设备时，对其进行水处理时要注意投加铜缓蚀剂或采用硫酸亚铁进行铜管成膜。

（3）阻垢缓蚀的复合药剂及选用原则　将具有缓蚀和阻垢作用的两种或两种以上的药剂联合使用，或将阻垢剂和缓蚀剂以物理方法混合后所配制成的药剂，都称为复合药剂，也称为复合水处理剂。一般来说，复合药剂的缓蚀阻垢效果均比其中一种药剂单独使用时的效果好，这就是所谓"协同效应"所起的作用。复合药剂尽管类型品种繁多，但都是按照水质特性和冷却水系统运行中存在的主要问题，以一两种药剂为主配制而成的、具有突出功能的复合药剂。任何一种新型复合药剂的组成成分并不一定都是由新的化学药剂构成的。下面简要介绍国内外使用过和推荐使用的一些复合药剂及其选用原则。

1）磷系复合药剂。

① 聚磷酸盐 + 锌盐：聚磷酸盐含量为 30 ~ 50mg/L，锌盐含量宜小于 4mg/L（以锌离子计），pH 值宜小于 8.3，一般控制在 6.8 ~ 7.2。

② 聚磷酸盐 + 锌 + 芳烃唑类化合物：掺加芳烃唑类化合物，一般掺加 1 ~ 2mg/L，pH 值为 5.5 ~ 10。

③ 聚磷酸盐 + 聚丙烯酸：主要用于处理结垢趋势不大的循环水，使用的配比为（4 ~ 6mg/L）:（3.5 ~ 7mg/L）。

④ 六聚磷酸钠 + 钼酸钠：在温度高于 70℃、pH 值大于 9 的水中缓蚀效果最好，使用量通常为 3mg/L 左右，对环境不会造成严重污染。

2）有机磷系复合药剂。

① 锌盐 + 磷酸盐：用 35 ~ 40mg/L 的磷酸盐和 10mg/L 的锌盐，在 pH 值为 6.5 ~ 7.0 的条件下可以有效地控制金属腐蚀。使用时应注意下列条件：

a. pH 值不应大于 8.5，当用于合金材质的系统时，如 pH 值小于 6.5，则磷酸盐会损伤金属。

b. 不宜用在有严重腐蚀产物的冷却水系统中。

c. 不适用于闭式冷却水系统。

d. 水的温度不宜高于 40℃。

② 巯基苯并噻唑 + 锌 + 磷酸盐 + 聚丙烯酸盐：巯基苯并噻唑使用浓度为 1 ~ 2mg/L，磷酸盐为 8 ~ 10mg/L，锌为 3 ~ 5mg/L，聚丙烯酸盐为 3 ~ 5mg/L，而钙的硬度最大允许值为 400mg/L。

③ 以聚磷酸盐、聚丙烯酸和有机磷酸盐为主的组合：

a. 六偏磷酸钠 + 聚丙烯酸钠 + 羟基乙叉二膦酸。

b. 六偏磷酸钠 + 聚丙烯酸钠 + 羟基乙叉二膦酸 + 巯基苯并噻唑。

c. 六偏磷酸钠 + 聚丙烯酸钠 + 羟基乙叉二膦酸 + 巯基苯并噻唑 + 锌。

d. 三聚磷酸钠 + 聚丙烯酸钠 + 乙二胺四甲叉膦酸 + 巯基苯并噻唑。

在上述四种组合中，聚磷酸盐的用量为 2 ~ 10mg/L，聚丙烯酸钠为 2 ~ 16mg/L，羟基乙叉二膦酸为 0.8 ~ 5mg/L，巯基苯并噻唑为 0.4 ~ 1mg/L，锌盐（以锌离子计）为 2 ~ 4mg/L，乙二胺四甲叉膦酸为 2mg/L。具体各组分的配比和投加量应根据水质特性和运行情况，通过试验并结合实际运行效果确定。应该引起注意的是，这四种组合中均含有磷，为菌藻类微生物的生长提供了营养物质，所以在使用时必须同时投加杀生剂，控制菌藻类微生物的大量繁殖。

这种有机磷系复合抑制剂适用范围较广，实际应用中被证明是一种比较有效的复合抑制剂，在循环水中的总硬度以碳酸钙（$CaCO_3$）计为 130～520mg/L、总含盐量为 250～1540mg/L 时，均能比较稳定地控制腐蚀与结垢。

3）其他复合药剂。

① 多元醇 + 锌 + 木质磺酸盐：在有大量污泥产生的循环水系统中，采用此复合抑制剂较为有利，其使用浓度一般为 40～50mg/L，pH 值可提高到 8 左右。只用多元醇 + 锌组成的复合抑制剂，也能获得较好的缓蚀阻垢效果。

② 亚硝酸钠 + 硼酸盐 + 有机物：该复合抑制剂主要用于闭式循环冷却水系统，在 pH 值为 8.5～10 时，投加剂量可为 2000mg/L。

③ 有机聚合物 + 硅酸盐：这种复合抑制剂对所有类型的杀生剂都无影响，适用于 pH 值为 7.5～9.5 的冷却水系统，在高温（70～80℃）和低流速运行条件下一般不会有结垢现象。

④ 锌盐 + 聚马来酸酐：聚马来酸酐是有效的阻垢剂，所以这种复合抑制剂主要用于有严重结垢的冷却水系统，不宜用于硬度较低且具有腐蚀趋势的冷却水系统。在运行中应使水的 pH 值控制在 8.5 以下。

⑤ 羟基乙叉二膦酸钠 + 聚马来酸酐：缓蚀阻垢效果好，加药量少，成本低，药效稳定且停留时间长，没有因药剂引起的菌藻问题。

⑥ 钼酸盐 + 葡萄糖酸盐 + 锌盐 + 聚丙烯酸盐：对不同水质适应性强，有较好的缓蚀阻垢效果，耐热性好，克服了用聚磷酸盐存在的促进菌藻繁殖的缺点，要求 pH 值在 8～8.5 的范围内，氯离子和硫酸根离子的浓度小于 400mg/L。

⑦ 硅酸钠 + 聚丙烯酸钠：对环境污染小，价格便宜。

⑧ 钼酸盐 + 聚磷酸盐 + 聚丙烯酸盐 + BZT：对不同水质适应性较强，操作简单，价格便宜，使用浓度为 10～15mg/L。

4）复合药剂的选用原则。目前，用于冷却水处理的缓蚀剂、阻垢剂品种较多，其组成的复合药剂的种类相对来说就更多。随着对用于水处理的化学药剂的深入研究和冷却水处理要求的全面提高，今后还会不断涌现出新的缓蚀剂和阻垢剂。对此，要选到合适的复合药剂，一般应考虑以下原则，综合做出决策。

① 根据水质特性，通过模拟试验筛选出适宜的复合药剂，在实际运行过程中，视其效果再调整各组分的配比及投加量。在无试验条件的情况下，可以参考同类冷却水系统的运行数据。但不宜直接套用其配方，因为水质特性、系统组成、运行条件、操作方式等不同，可能会使缓蚀阻垢效果产生较大差异。

② 要注意协同效应，优先采用有增效作用的复合配方，以增强药效，降低药耗。

③ 复合药剂的使用费能承受，而且购买方便。

④ 配方中的各药剂不应有相互对抗的作用，而且应与配用的杀生剂相容。

⑤ 含有复合药剂残液的冷却水排放时，应符合环保部门的规定，对周围环境不造成污染。

⑥ 不会造成换热表面传热系数的降低。

（4）微生物和杀生剂 循环冷却水中产生危害的微生物种类很多，不同地区、不同水源、不同季节、不同的冷却流程和设备，其出现的微生物也不相同。但一般常见的微生物主要是藻类、细菌和原生动物。微生物在循环水系统中的生长繁殖，不仅使水质恶化，而且附着于塔体和管壁上，干扰空气和水的流动，降低冷却效率。微生物还与其他有机或无机的杂质形成黏泥沉积在系统中，增加水流阻力，附着在热交换器管壁上形成污垢，降低热交换器的传热效率，在妨碍缓蚀剂发挥防腐蚀功能的同时还促进腐蚀过程，其危害不可小视。

1）微生物的控制方法。如果能控制微生物的繁殖，整个冷却水系统的腐蚀和结垢问题就比较容易解决。如果对微生物的繁殖不能有效地控制，则不论使用何种高效缓蚀阻垢剂都难以获得较好的效果。正是由于微生物在循环冷却水中的存在，使其水处理问题变得复杂化。

但是，希望将各种微生物全部消灭，以彻底消除它们的危害，实际上是不可能的。因为对使用最多的开式循环冷却水系统来说，冷却空气和补充水中都带有各种微生物，它们可以不断进入循环的冷却水中，而且循环冷却水的温度一般在 30～40℃ 范围内，即使没有人为提供的微生物所需的营养物质，空气和补充水中所含的无机物、有机物也可满足其生长、繁殖所需的条件。此外，任何水处理的方法都不大可能将所有种类的微生物杀死或抑制，也没有必要把全部微生物杀灭干净，只要能使微生物的生存量控制在危害不大或规定的标准之下即可，这样既可以简化处理方法，又可以降低杀生剂的用量，减少有关费用。

控制微生物的方法主要有物理法和化学法。物理法包括水的混凝沉淀、过滤以及改变冷却塔等设备的工作环境等，以去除或抑制微生物的生长；化学法即向循环冷却水中投加各种无机或有机的化学药剂，以杀死微生物或抑制微生物的生长和繁殖，这是目前普遍采用并行之有效的方法。

2）杀生剂及其性能。投加到水中以杀死微生物或抑制微生物生长和繁殖的化学药剂一般称为杀生剂，又称为杀菌灭藻剂、杀菌藻剂、杀菌剂等。有些可能对大多数种类的微生物有杀生作用，而有些只对少数几种有杀生作用，前者一般称为"广普性"杀生剂，后者则称为"专用性"杀生剂。目前常用的杀生剂按其作用机理可分为氧化性杀生剂和非氧化性杀生剂两大类。常用的杀生剂及其使用特性见表 5-4。

**表 5-4 常用的杀生剂及其使用特性**

| 性质 | 类别 | 杀生剂 | 使用浓度/（mg/L） | 适应的 pH 值 |
|---|---|---|---|---|
| 氧化性杀生剂 | 氯 | 氯气、液氯 | 2～4 | 6.5～7 |
| | 次氯酸盐 | 次氯酸钠、次氯酸钙、漂白粉 | | |
| | | 二氧化氯 | 2 | 6～10 |
| | | 臭氧 | 0.5 | |
| | | 氯胺 | 20 | |
| 非氧化性杀生剂 | 有机硫化合物 | 二甲基二硫代氨基甲酸钠 乙叉二硫代氨基甲酸二钠 | | >7 |
| | | 乙基大蒜素 | 100 | >6.5 |
| | 季铵盐类化合物 | 洁尔灭、新洁尔灭 | 50～100 | 7～9 |
| | 铜的化合物 | 硫酸铜 | 0.2～2 | <8.5 |
| | | 氯化铜 | | |

3）杀生剂的选择及影响杀生效力的因素。选用杀生剂时，除了一般要考虑的高效、广谱、易溶、杀生速度快、余毒持续时间长、操作简便、价廉易得、使用费用低等因素外，还要考虑水的 pH 值适应范围、系统的排污量、药剂在水中的停留时间、与其他化学药剂的相容性、自身的稳定性以及对环境污染的影响等问题。

　　① 冷却水的 pH 值。微生物的繁殖都有其适宜的 pH 值范围，一般藻类在 5.5 ~ 8.5，而细菌则多数在 5 ~ 8，但总的看来绝大多数微生物一般都能在 pH 值为 6.5 ~ 8.5 的环境下繁殖。因此，选用杀生剂时其适用范围应尽量宽一些。

　　② 药剂的停留时间。药剂在循环冷却水系统中的停留时间与排污率和系统水容积有关，排污率大，而系统水容积小时，停留时间就短，反之则停留时间就长。如果停留时间短，就要考虑选用低剂量、杀生速度快的药剂；如果停留时间长，则可选用杀生作用慢或稳定性好的杀生剂。

　　③ 与其他化学药剂的相容性。杀生剂与其他加入冷却水中的化学药剂（如阻垢剂和缓蚀剂）不相互干扰、杀生效力不变或提高，则表明有较好的相容性；如果效力降低则表明它们之间不相容。

　　④ 与有机物的吸附作用。某些有机杀生剂具有表面活性，易被水中的有机物质、细菌黏泥和悬浮的有机物所吸附，从而降低其杀生活性，具有这种吸附作用的杀生剂主要是季铵盐类化合物。在排污率比较小的系统中，即杀生剂停留时间长的情况下应慎重考虑这个问题。

　　⑤ 稳定性。不论是有机还是无机杀生剂，在水中常受到 pH 值和温度的影响，pH 值过高或过低都会有使其杀生性能降低或水解的可能性，从而降低杀生效力。此外，紫外线的照射也会使某些杀生剂受到影响。不受这些影响或影响较小的杀生剂即认为其稳定性较好。

　　⑥ 起泡。具有表面活性的季铵盐类有机物在水中易产生泡沫，泡沫多会影响杀生剂的作用，尤其在高浓缩倍数的冷却水系统中应考虑这一影响因素，它不仅降低杀生剂的杀生效力，而且还导致系统中的水污染。

　　⑦ 水中污染物质。水中悬浮物和污泥较多的系统，采用任何杀生剂都会降低其杀生效力，如果采用产生泡沫少的表面活性剂或分散剂则可弥补此影响。

　　⑧ 环保要求。有些杀生剂杀生效力较强，如氯酚类和一些重金属盐的杀生剂，但由于其本身的毒性太大，在排污时不可避免地要带出一些残余量，会对环境甚至人身安全造成危害。因此要格外慎重地对待。杀生后容易生物降解，不会产生毒性积累的最好。此外，各种杀生剂不可能对所有微生物都有满意的杀生效果，因此应当选择几种药剂配合使用。为了防止微生物的抗药性，还应选择几种药剂轮换使用。

　　4）投放药量与投药方式。投放杀生剂要保持足够的剂量，剂量低了反而会刺激微生物的新陈代谢，促使其生长，因此要保证药剂投入水中一定时间后还有一定的剩余浓度。

　　投药方式一般有三种：连续投加、间歇投加和瞬时投加，其中采用最多的是定期间歇投药方式。在投药量相同的情况下，采用瞬时投加可以造成某一段时间内的高浓度，往往可以得到良好的杀生效果。连续投加消耗量大，只有在瞬时投加与间歇投加都不起作用时才采用。

　　非氧化性杀生剂每月宜投加 1 ~ 2 次，宜投加在冷却塔集水盘的出水口处。

5）生物黏泥及其控制。通过对黏泥的分析，发现其组成主要是假单孢杆菌、芽孢杆菌、产碱杆菌和棒状杆菌属的一些微生物。假单孢杆菌和棒状杆菌属多附着在冷却塔的内壁和集水盘的黏泥中，而芽孢杆菌、产碱杆菌和棒状杆菌属的微生物则多数在热交换器内集存。

抑制生物黏泥的增长，应主要抑制或杀灭循环冷却水中和上述黏泥中的微生物。杀灭这些微生物所用的药剂，除具有良好的杀生功能外，还应有分散和剥离作用；此外，还应具有改变微生物黏性物质的特性，以减少微生物的粘附性质，这样才能更好地发挥杀生剂的作用。如果有些药剂只有杀生功能，就需要配用一些分散剂，以组成复合杀生剂。分散剂可起到把黏泥分开的作用（也有较好的杀生功能），黏泥分散开后，杀生剂就容易深入到黏泥中杀灭微生物。

$10 \sim 20mg/L$ 的季铵盐与 $10 \sim 20mg/L$ 具有分散作用的三乙叉四胺或氮川三酸复合，具有抑制黏泥生长的良好效果。$10 \sim 30mg/L$ 的季铵盐与 $0.5 \sim 1mg/L$ 的硫脲或三聚氰酰胺联合使用，也是抑制黏泥增长的有效复合杀生剂。而同时能起杀生和抑制黏泥增长的复合杀生剂还有二硫氰基甲烷和十二烷基二甲基苄基氯化铵，季铵盐与三丁基十氧复合杀生剂，氯化烷基三甲基铵、氯化烷基二甲基苄基铵与三乙叉四胺、氮川三酸盐的复合杀生剂等。

冷却水采用化学药剂进行水处理虽然有操作简单、不需要专用设施、效果显著等优点，但也有不足之处：

1）需要定期进行水质检验，以决定投加的药剂种类和用量，用药不当则达不到水质要求，甚至损坏设备和管道，因此技术性要求高。

2）大多数化学药剂都或多或少地有一些毒性，随水排放时会造成环境污染。

## 课题二　冷媒水系统的管理

在中央空调系统中，常以液体冷媒水作为载冷剂传递和输送冷量，也称冷冻水。冷冻水循环系统由冷冻水泵、室内风机及冷冻水管道等组成。从主机蒸发器流出的低温冷冻水由冷冻泵加压送入冷冻水管道（出水），进入室内进行热交换，带走房间内的热量，最后回到主机蒸发器（回水）。

### 一、冷媒水系统的供水方式

冷媒水系统可根据管路系统中循环的水是否与空气直接接触分为开式系统和闭式系统。

**1. 开式系统**

开式系统即为开放式管路水循环系统的简称，通常为用喷水室处理空气的空调系统或设置蓄冷水池的空调系统。如图5-3所示，该系统的喷水室或蓄冷池与空（大）气相通，水在系统中循环流动时，与被处理的空气或大气接触，并引起水量的变化。

开式系统的优点是喷水室处理空气时适用范围比较广，采用蓄冷池时可利用其蓄冷能力，减少冷热源设备的开启时间，削减负荷峰值，达到部分节能或减小设备装机容量的目的。其缺点是冷媒水与大气接触，循环水中含氧量高，易腐蚀管理；末端设备（喷水室、表冷器）与冷冻站高差较大时，水泵须克服高差造成的静水压力，增加耗电量；如果喷水室较低，不能直接自流回到冷冻站时，则须增加回水池和回水泵；如果采用自流式回水，回水管径较大，会增加投资。

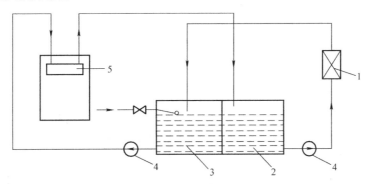

图 5-3　开式冷媒水系统图

1—空调设备　2—蓄冷池　3—回水池　4—水泵　5—蒸发器

### 2. 闭式系统

闭式系统即密闭式管路水循环系统。如图5-4所示，该系统中冷冻水封闭在管路中循环流动，不与大气接触，不论水泵是否运行，管道中都充满了水。为此，闭式系统通常在系统的最高点上设有膨胀水箱。闭式系统的优点是管路系统中不易产生污垢和腐蚀，系统比较简单，一次投资比较经济，冷量可以远距离输送，温度比较稳定。缺点是蓄冷能力小，低负荷时，冷热源设备也需经常开动，膨胀水箱一定要装在系统的最高点，且补水有时需另加加压水泵，膨胀定压水罐的安装高度虽然不受限制，但必须配加压水泵。

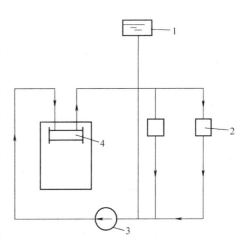

图 5-4　闭式冷媒水系统

1—膨胀水箱　2—空调设备
3—冷媒水循环水泵　4—蒸发器

## 二、冷媒水的管理

中央空调冷媒水系统通常是闭式的，水在系统中做闭式循环流动，不与空气接触，不受阳光照射，防垢与微生物控制不是主要问题。同时，由于没有水的蒸发、风吹飘散等浓缩问题，所以只要不漏，基本上是不消耗水的，要补充的水量很少。因此，闭式循环冷冻水系统日常水质管理的工作目标主要是防止腐蚀。

闭式循环冷冻水系统的腐蚀主要由三方面原因引起：一是厌氧微生物的生长造成的腐蚀；二是由膨胀水箱的补水，或阀门、管道接头、水泵的填料漏气而带入的少量氧气造成的电化学腐蚀；三是由于系统由不同的金属结构材质组成，如铜（热交换器管束）、钢（水管）、铸铁（水泵与阀门）等，因此还存在由不同金属材料导致的电偶腐蚀。

解决水对金属的腐蚀问题，可以通过选用合适的缓蚀剂（参照冷却水系统使用的缓蚀剂）予以解决。由于冷冻水系统是闭式系统，一次投药达到足够浓度可以维持发挥作用的时间要比冷却水系统长得多。如果没有使用电子除垢器，则根据水质监测情况，需要除垢时，同样参照冷却水系统使用的阻垢剂，选用其中合适的，投入适当剂量到冷冻水系统中，使其发挥阻（除）垢作用。由此可以看出，冷冻水系统的水处理，无论是工作内容，还是工作量，都要比冷却水系统的少，但是由于仍存在腐蚀和结垢问题，因此也不能掉以轻心，同样要把有关工作做好，做扎实。

课题三 中央空调循环水系统的清洗与预膜

当中央空调循环水系统运行一定时间后，由于在使用过程中受物理或化学等作用的影响，或水处理不理想，系统中常会产生一些盐类沉淀物、腐蚀杂物和生物黏泥等。这些污染物都会直接影响热交换器的换热效率和减小管道的过水断面，因此必须进行清洗。而清洗同时又是预膜处理的基础。

预膜处理是为了保护金属表面免遭腐蚀，利用某些化学药剂与水中的两价金属离子（如 $Ca^{2+}$、$Zn^{2+}$、$Fe^{2+}$ 等）形成络合物，在金属表面形成一层非常薄的膜，牢固地粘附在金属表面上，从而抑制水对金属的腐蚀，也包括防止微生物的腐蚀。这种膜常称为保护膜或防腐蚀膜。

实践证明，水系统的清洗与预膜处理是减少腐蚀、提高热交换效率、延长管道和设备使用寿命的有效措施之一。因此，清洗与预膜是日常水处理不可缺少的重要环节，其过程为：水冲洗→化学药剂清洗→预膜→预膜水置换→投加水处理药剂→常规运行。

通常闭式系统循环水中的药剂含量很高，在运行时即起了预膜作用。因此，对闭式系统是否需要进行预膜处理这一程序，应根据具体情况确定。

## 一、清洗

中央空调循环水系统的清洗包括冷却水系统的清洗和冷冻水系统的清洗。

冷却水系统的清洗主要是清除冷却塔、冷却水管道内壁、冷凝器换热管内表面的水垢、生物黏泥、腐蚀产物等沉积物。

冷冻水系统的清洗主要是清除蒸发器换热管内表面、冷冻水管道内壁、风机盘管内壁和其他空气处理设备内部的污垢、腐蚀产物等沉积物。

清洗方式一般分为物理清洗和化学清洗。物理清洗主要是利用水流的冲刷作用来去除设备和管道中的污染物；化学清洗则是采用酸或碱或有机化合物的复合清洗剂来清除设备和管道中的污染物。

### 1. 物理清洗

利用清洁的自来水以较大的水流速度（不小于 1.5m/s）对与冷却水接触的所有设备和管道进行 5~8h 的循环冲洗，借助水流的冲击力和洗刷力来清除设备和管道中的泥沙、松散沉积物和各种碎屑杂物，并通过主管道的最低点或排污口排放掉清洗水，同时拆洗 Y 型水过滤器。

由于热交换器内的换热铜管管径较小，为避免系统清洗出来的污泥杂物堵塞换热管，清洗水应从热交换器的旁路管通过。热交换器的清洗则采用拆下端盖，单独用刷子和水对每根换热管进行清洗的方法。

物理清洗的优点是：可以省去化学清洗所需的药剂费用；避免化学清洗后清洗废液的处理或排放问题；不易引起被清洗的设备和管道腐蚀。存在的缺点是：部分物理清洗方法需要在中央空调系统停止运行后才能进行；清洗操作比较费工；有些方法容易造成设备和管道内表面损伤等。

**2. 化学清洗**

化学清洗是通过化学药剂的化学作用，使被清洗设备和管道中的沉积物溶解、疏松、脱落或剥离的清洗方法。一般来说，化学清洗不仅能去除系统中的油污，而且能消除各种结垢物、金属腐蚀物和生物黏泥。为了减少化学清洗剂的用量，前述的物理清洗也是系统清洗不可缺少的一环，尤其是在泥沙、污物沉积较多的情况下，先用水冲洗一遍是很有必要的。

化学清洗的优点：沉积物能够彻底清除，清洗效果好；可以进行不停机清洗，使中央空调系统照常供冷或供暖；清洗操作比较简单。存在的缺点：易对设备和管道产生腐蚀；产生的清洗废液易造成二次污染；清洗费用相对较高。

（1）方法类型

1）按使用的清洗剂分。

① 酸洗法清洗。酸洗法清洗（简称酸洗）是利用酸洗液与水垢和金属腐蚀产物进行化学反应生成可溶性物质，从而达到将其去除的目的。

② 碱洗法清洗。碱洗法清洗（简称碱洗）一般是利用碱性药剂的乳化、分散和松散作用，去除系统中的油污及油脂等。其中松散作用只对硅酸盐垢有效果，对其他大多数盐垢则不起去除作用。碱洗主要用于去除设备内的油污或预涂的除锈剂，此外还用来中和酸洗后的酸性水，清洗循环冷却水系统时一般均不采用碱洗方法。

③ 有机复合清洗剂清洗。有机复合清洗剂清洗是利用各具某些特殊功能的有机化合物，配制成具有杀菌、分散、剥离、溶解等作用，同时在清洗过程中对金属又不产生腐蚀影响的专用清洗剂，投入到循环水系统中进行清洗。例如：用有机磷酸盐和聚丙烯酸钠的混合物作为清洗剂，投加量为 $80 \sim 100mg/L$，pH 值控制在 $6 \sim 7.5$，清洗约 24h 就能取得较好的效果。也可以将各种有助于清洗作用的化学药剂分别投加到循环水系统中来达到此目的。此时，要首先使用各种杀生剂（如氯）或具有杀生和剥离作用的次氯酸盐、新洁尔灭等，将系统中的菌藻杀灭，并对粘附于管壁表面的污垢进行剥离。然后投加具有分散作用的羟基乙叉二膦酸、聚丙烯酸钠或氨基四甲叉膦酸（EDTMP）以及聚磷酸盐等，改变垢的结构和形态，使之成为可以被水冲走的松散沉积物。同时要降低循环水的 pH 值，这不仅能提高杀生剂的效力，而且还能溶解循环水系统中形成的一些盐类垢，并可以防止聚磷酸盐水解可能产生的磷酸钙垢。系统按上述处理方法运行一定时间（一般 $1 \sim 3$ 天）后，通过对循环水质的变化（如浊度、铁浓度等）分析，再进行大量排污，即将系统中清洗液全部置换，在这一排污置换过程中也起到了对系统的冲洗作用。

2）按清洗方式分。

① 循环法清洗。使需要清洗的系统形成一个闭合回路，保证清洗液在系统中不断循环流动的情况下，造成沉积物不断受到清洗液的化学作用和冲刷作用而溶解和脱落。

② 浸泡法清洗。浸泡法清洗适用于一些小型设备和系统，以及被沉积物堵死而无法使清洗液循环流动清洗的设备和系统。

3）按清洗对象分。

① 单台设备或部件清洗。

② 全系统清洗。

4）按是否停机分。停不停机指的是清洗液在冷却水或冷冻水系统循环流动清洗的过程中，中央空调系统是处于停止供冷或供暖状态还是在清洗的同时仍保持供冷或供暖。

① 停机清洗。在中央空调系统不供冷或不供暖的情况下，不论是其冷却水系统还是用户侧水系统，也不论是清洗单台设备还是清洗全系统，在一个闭合回路中，化学清洗一般按下列程序进行：

水冲洗→杀菌灭藻清洗→碱洗→水冲洗→酸洗→水冲洗→中和钝化（或预膜）。

a. 水冲洗。水冲洗的目的是尽可能冲洗掉回路中的灰尘、泥沙、脱落的藻类以及腐蚀产物等一些疏松的污垢。冲洗时水的流速以大于 0.15m/s 为宜，必要时可做正反向切换冲洗。冲洗合格后，排尽回路中的冲洗水。

b. 杀菌灭藻清洗。杀菌灭藻清洗的目的是杀灭回路中的微生物，并使设备和管道表面附着的生物黏泥剥离脱落。在排尽冲洗水后重新将回路注满水，并加入适当的杀生剂，然后开泵循环清洗。在清洗过程中，必须定时测定水的浊度变化，以掌握清洗效果。一般浊度是随着清洗时间的延长而逐渐升高的，到最大值后回路中的浊度即趋于不变，此时就可以结束清洗，排除清洗水。

c. 碱洗。碱洗的主要目的是去除回路中的油污，以保证酸洗均匀（一般是在回路中有油污时才需要进行碱洗）。在重新注满水的回路中加入适量的碱洗剂，并开泵循环清洗，当回路中的碱度和油含量基本趋于不变时即可结束碱洗，排尽碱洗水。

d. 碱洗后的水冲洗。碱洗后的水冲洗是为了去除回路中残留的碱洗液，并将部分杂质带出回路。在冲洗过程中要经常测试排出的冲洗水的 pH 值和浊度，当排出水呈中性或微碱性，且浊度降低到一定标准时，水冲洗即可结束。

e. 酸洗。酸洗的目的是去除水垢和腐蚀产物。在回路充满水后，将酸洗剂加入回路中，然后开泵循环清洗。在可能的情况下，应切换清洗液的循环流动方向。清洗过程中，定期（一般每 0.5h 一次）测试酸洗液中酸的浓度、金属离子（$Fe^{2+}$、$Fe^{3+}$、$Cu^{2+}$）的浓度、pH值等，当金属离子浓度趋于不变时即为酸洗终点，排尽酸洗液。

f. 酸洗后的水冲洗。此次水冲洗是为了去除回路中残留的酸洗液和脱落的固体颗粒。方法是用大量的水对回路进行开路冲洗，在冲洗过程中，每隔 10min 测试一次排出的冲洗液的 pH 值，当接近中性时停止冲洗。

g. 中和钝化（或预膜）。金属设备或管道经过酸洗后，其金属表面处于十分活泼的活性状态，很容易重新与氧结合而被氧化生锈。因此，设备或管道在清洗后暂时不使用时，就需要进行钝化处理，然后加以封存。

钝化即金属经阳极氧化或化学方法（如强氧化剂反应）处理后，由活泼态转变为不活泼态（钝态）的过程。钝化后的金属由于表面形成紧密的氧化物保护薄膜，因而不易腐蚀。

如果设备或管道清洗后马上就投入使用，则酸洗后可直接预膜而不需要进行钝化。

② 不停机清洗。在有些情况下，中央空调系统需要清洗但又不能停止供冷或供暖，此时就要采用不停机的化学清洗方法。为了避免在清洗时出现短路现象，清洗过程中要根据系统不同部位的情况分别单独开启或关闭，以保证中央空调系统任何部位都能得到充分的清洗而无死角。

对于冷却水系统，通常利用冷却塔的集水盘（槽）作为配液容器。将各种清洗药剂直接加入冷却塔的集水盘（槽）中，通过冷却水的循环流动，将清洗药剂带到系统各处产生清洗作用。对于冷冻水系统，则利用膨胀水箱或外接配液槽来加入清洗药剂。当使用膨胀水箱加药时，要在加药后从系统的排污口排除一些冷冻水，使膨胀水箱的药剂能吸入系统中。当使用外接配液槽时，配液槽与系统的连接管要接在冷冻水泵的吸入口段。在清洗药剂吸入系统后，药剂会随冷冻水循环流到系统各处，同时产生清洗作用。

由于不停机清洗不存在清洗后系统不使用的问题，因此在清洗后也就不需要钝化而只需要预膜。此外，一般在使用的中央空调循环水系统中，油污存在的可能性不大，因而也不需要进行碱洗处理。此时，中央空调循环水系统不停机化学清洗的程序为：

杀菌灭藻清洗→酸洗→中和→预膜。

a. 杀菌灭藻清洗。杀菌灭藻清洗的目的、要求与停机清洗基本相同，只是在清洗结束后不一定要排水，当系统中的水比较浑浊时，可从系统的排污口排放部分水，并同时由冷却塔或膨胀水箱将新鲜水补足以达到使浊度降低即稀释的目的。

b. 酸洗。酸洗的目的、要求与停机清洗基本相同，所不同的是：在酸洗前要先向系统中加入适量的缓蚀剂，待缓蚀剂在系统中循环均匀后再加入酸洗剂。一般不停机酸洗要在低pH值下进行，通常使pH值保持在2.5~3.5。

在酸洗过程中，可以加入一些表面活性剂，如多聚磷酸盐等来促进酸洗效果。酸洗后应向系统中补加新鲜水，同时从排污口排放酸洗废液，以降低系统中水的浊度和铁离子浓度。然后加入少量的碳酸钠中和残余的酸，为下一步的预膜打好基础。

c. 预膜。预膜处理参见后面内容。

预膜完后将高浓度的预膜水仍用边补水边排水的方式稀释，控制稀释到总磷10mg/L左右即可。

（2）酸洗剂 常用于中央空调水循环系统中设备和管道酸洗的酸洗剂可分为无机酸和有机酸两大类。无机酸酸性强、成本低、清洗速度快，但腐蚀性也强；有机酸酸性弱、腐蚀小，但成本高。

1）无机酸类酸洗剂。常用作酸洗剂的无机酸有盐酸、硫酸、硝酸和氢氟酸。为了防止在酸洗过程中产生腐蚀，通常还要在酸洗液中加入缓蚀剂。

① 盐酸。盐酸用于化学清洗时的浓度为2%~7%（质量分数），加入缓蚀剂的配方（各配方的百分数均为质量分数）为：盐酸5%~9%、乌洛托品0.5%；盐酸5%~8%、乌洛托品0.5%、冰醋酸0.4%~0.5%、苯胺0.2%。盐酸不宜作为清洗不锈钢和铝金属表面污垢的清洗剂。

② 硫酸。硫酸用于化学清洗时的浓度一般不超过10%、加入缓蚀剂的配方为：硫酸8%~10%、若丁0.5%。硫酸不适用于有碳酸钙（$CaCO_3$）的设备和管道，否则会生成溶解度极低的二次沉淀物，给清洗造成困难。

③ 硝酸。硝酸用于化学清洗时的浓度一般不超过5%，加入缓蚀剂的配方为：硝酸8%~10%加"兰五"（兰五的成分为乌洛托品0.3%、苯胺0.2%、硫氰化钾0.1%）。用硝酸清洗形成的清洗废液含有亚硝酸盐这种强致癌物质，因此其废液排放受到环境保护的严格限制。

④ 氢氟酸。氢氟酸是能溶解硅的非常有效的溶剂，所以它常用来清洗含有二氧化硅的水垢等沉积物，而且它还是很好的铜类清洗剂，一般用于化学清洗时的浓度在2%以下。应

该引起注意的是，氢氟酸有毒，不能用手触摸。

2）有机酸类酸洗剂。常用于酸洗的有机酸有氨基磺酸和羟基乙酸。

① 氨基磺酸。市售商品为白色粉末，其水溶液具有与盐酸、硫酸等同等的强酸性，故又称为固体硫酸。它可以去除铁、铜、钢、不锈钢等材料制造的设备和管道表面的水垢和腐蚀产物。此外，它还是唯一可用作镀锌表面清洗的酸。氨基磺酸水溶液对铁的腐蚀产物作用较慢，可添加一些氯化钠，使之缓慢产生盐酸，从而有效地溶解铁垢。

利用氨基磺酸水溶液进行清洗时，温度要控制在66℃以下（防止氨基磺酸分解），浓度不超过10%。

② 羟基乙酸。羟基乙酸易溶于水，腐蚀性低，无臭，毒性低，生物分解能力强，对水垢有很好的溶解能力，但对锈垢的溶解能力却不强，所以常与甲酸混合使用，以达到对锈垢溶解良好的效果。

（3）碱洗剂　常用于中央空调循环水系统设备和管道碱洗的碱洗剂有氢氧化钠和碳酸钠。

1）氢氧化钠。氢氧化钠又称为烧碱、苛性钠，为白色固体，具有强烈的吸水性。它可以和油脂发生皂化反应生成可溶性盐类。

2）碳酸钠。碳酸钠又称为纯碱，为白色粉末，它可以使油脂类物质疏松、乳化或分散，变为可溶性物质。在实际碱洗过程中，常将几种碱洗药剂配合在一起使用，以提高碱洗效果。常用的碱洗配方（各配方的百分数均为质量分数）为：氢氧化钠0.5%~2.5%、碳酸钠0.5%~2.5%、磷酸三钠0.5%~2.5%、表面活性剂0.05%~1%。

## 二、预膜处理

循环水系统设备和管道的内表面，经化学清洗后呈活性状态，极易产生二次腐蚀，因此要在化学清洗后立即进行预膜处理。预膜处理就是向循环水系统中投加某些化学药剂，使与循环水接触的所有经清洗后的设备、管道金属表面形成一层非常薄、耐蚀、不影响热交换、不易脱落的均匀致密保护膜的过程。形成的保护膜类型与所投加化学药剂的性质有关，不同的化学药剂在金属表面形成的保护膜也不相同，一般常用的保护膜有两种类型，即氧化型膜和沉淀型膜（包括水中离子型和金属离子型）。

**1. 预膜的作用与方法**

预膜处理和酸洗后的钝化处理作用一样，也是使金属的腐蚀反应处于全部极化状态，消除产生电化学腐蚀的阴、阳极间的电位差，从而抑制腐蚀。在确认系统已清洗干净并换入新水后，投加预膜剂，起动水泵使水循环流动20~30h进行预膜。预膜后如果系统暂不运行，则任由药水浸泡；如果预膜后即转入正常运行，则于一周后分别投加缓蚀阻垢剂和杀生剂。经预膜处理后的系统，一般均能减轻腐蚀，延长设备和管道的使用寿命，保证连续安全地运行，同时能缓冲循环水中pH值波动的影响。

**2. 预膜剂与成膜的控制条件**

预膜剂经常是采用与抑制剂大致相同体系的化学药剂，但不同的预膜剂有不同的成膜控制条件。其中以"六偏磷酸钠＋硫酸锌"应用较多，而"硫酸亚铁"则可有效地用于铜管冷凝器中。

保护膜的质量与成膜速度除与使用的预膜剂直接有关外，还受以下诸因素的影响：

（1）水温　水温高有利于分子的扩散，加速预膜剂的反应，成膜快、质地密实。当需要维持较高温度，而实际做不到，只能维持常温时，一般可以通过加长预膜时间来弥补。

（2）水的 pH 值　水的 pH 值过高会产生磷酸钙沉淀，同时还会影响膜的致密性和与金属表面的结合力。如 pH 值低于 5 则将引起金属的腐蚀，因此要严格控制水的 pH 值，一般认为控制在 5.5～6.5 为宜。

（3）水中钙（$Ca^{2+}$）与锌（$Zn^{2+}$）离子　钙与锌离子是预膜水中影响较大的两种离子。如果预膜水中不含钙或钙含量较少，则不会产生密实有效的保护膜。一般规定预膜水中的钙浓度不能低于 50mg/L。锌离子能促进成膜速度，在预膜过程中，锌与聚磷酸盐结合能生成磷酸锌，而牢固地附着在金属表面上，成为其有效的保护膜，所以在聚磷酸盐预膜剂中都要配入锌盐。

（4）铁离子和悬浮物　铁离子和悬浮物都直接影响成膜的质量，如水中悬浮物较多，生成的膜就松散，耐蚀性就会下降。一般应采用过滤后的水或软化水来配制预膜剂。

（5）预膜剂的浓度　不论采用何种预膜剂，均应根据当地水质特性所做的试验效果来确定预膜剂的使用浓度。

（6）预膜液的流速　在预膜过程中，一般要求预膜液流速高一些（不低于 1m/s）。流速大，有利于预膜剂和水中溶解氧的扩散，因而成膜速度快，其所生成的膜也较均匀密实；但流速过高（大于 3m/s），则又可能引起预膜液对金属的冲刷侵蚀；如流速太低，成膜速度就慢，且生成的保护膜也不均匀。

### 三、补膜与个别设备的预膜处理

当某些原因造成循环水系统的腐蚀速度突然增高，或在系统中发现带涂层的薄膜脱落时，都可以认为是系统的膜被破坏了，此时就需进行补膜处理。补膜一般是增大起预膜作用的抑制剂用量，使抑制剂的投加量提高到常规运行时用量的 2～3 倍，其他控制条件可与预膜处理时基本相同。

个别设备的预膜处理，是指那些更换的新设备或个别检修了的设备在重新投入使用前的预膜处理。这种预膜处理与对整个循环水系统进行的预膜处理基本相同，即将配制好的预膜液用泵进行循环；也可以采用浸泡法，将待预膜处理的设备或管束浸于配制好的预膜液中，经过一定时间后即可以取出投入使用。这两种处理方法均比在整个循环水系统中进行预膜处理容易，成膜质量也能保证。

由于冷却塔通常由人工定期清洗，而且也不需要预膜，再加上对冷却塔除外的循环冷却水系统进行清洗和预膜的水不需要冷却，因此为了避免系统清洗时的脏物堵塞冷却塔的配水系统和淋水填料，加快预膜速度，避免预膜液的损失，循环冷却水系统在进行清洗和预膜时，循环的清洗水和预膜水不应通过冷却塔，而应由冷却塔的进水管与出水管间的旁路管通过。

### 【单元小结】

中央空调水系统包括冷媒水系统和冷却水系统。

冷却水系统的管理主要是广泛应用于工程中的敞开式循环冷却水系统的水质管理和水处理，工作重点是进行水质处理，相应地还要做好水质检测、系统清洗和及时补水等工作。冷却水处理方法可分为物理方法和化学方法。常用的物理方法有磁化法、高频水改法、静电水处理法和电子水处理法。化学方法是通过投加化学药剂来防止水系统结垢，控制金属腐蚀，抑制微生物的繁殖。按照所起的作用，化学药剂可分为阻垢剂、缓蚀剂和杀虫剂三种基本药剂。为了获得最佳的作用效果，实际中往往将数种基本药剂用物理方法混合配制成复合药剂使用。

垢包括水垢、污垢和黏泥，它们附着在水侧管壁，会增大热阻、水阻，引起金属腐蚀等，通常采用阻垢剂来阻止其生成。

循环冷却水对金属的腐蚀主要是电化学腐蚀，而任何化学药剂都难以使金属达到完全没有腐蚀的程度。缓蚀剂是能在金属表面形成一层保护膜从而抑制腐蚀反应进行的化学药剂。常见的微生物是藻类和细菌，它们的存在对系统高效、经济地运行危害极大，通常采用杀生剂来杀灭或抑制其生长和繁殖。

闭式循环冷冻水系统日常水质管理的工作目标主要是防止腐蚀，可以通过选用合适的缓蚀剂予以解决。

中央空调循环水系统的设备和管道内表面经化学清洗后呈活性状态，极易产生二次腐蚀，因此要在化学清洗后立即进行预膜处理，使设备和管道的金属内表面形成一层能抗腐蚀、不影响热交换且不易脱落的保护膜。

# 实训一　冷却水系统的清洗和预膜

## 一、实训目的

1）熟悉冷却水系统的构成及工作原理。

2）了解冷却水系统的清洗和预膜的操作步骤。

## 二、实训内容和步骤

1）准备清洗设备。

2）检测冷却塔填料和管内污垢情况。

3）清理冷却塔杂质，并冲洗冷却塔过滤网、填料。

4）开启冷却水循环泵，将表面活性剂和高效除垢剂用50℃的水溶解后按比例加入冷却塔中。

5）不断检验药效并及时添加清洗药剂，对系统循环清洗4h。

6）清洗干净后停泵，排出清洗液，拆卸冷却水系统泵前过滤网进行清理。将过滤网冲洗干净后回装。

7）将系统补满新水，开启循环泵对系统进行漂洗。

8）排出漂洗液，补充新水，补满后向冷却塔里按比例投加预膜药剂。

9）开启系统循环泵，对系统预膜3h。

10）预膜完毕后，排出预膜液，补满新水，打扫现场卫生，恢复系统各处。

### 三、注意事项

1）遵守实训纪律，服从指导老师安排。

2）遵守安全操作规程。

3）进行清洗时，应戴手套，以免化学药剂造成伤害。

4）本实训中的清洗和预膜时间为实际操作时间，在实训室中的清洗过程可将时间缩短，以了解步骤为主。

### 四、实训报告

1）绘制冷却水系统图。

2）填写实训操作记录。

3）操作中出现的问题及其分析。

4）收获和体会。

# 实训二 冷媒水系统的清洗和预膜

### 一、实训目的

1）熟悉冷媒水系统的构成及工作原理。

2）了解冷媒水系统的清洗和预膜的操作步骤。

### 二、实训内容和步骤

1）系统补满水，将除垢剂和表面活性剂用50℃的水溶解后，加入膨胀水箱中。

2）开启冷冻水泵，循环清洗4h，不断检验药效，及时添加药剂。

3）清洗干净后停泵，排出清洗液，拆卸泵前过滤网进行清理，过滤网清洗干净后回装。

4）将系统补满新水，开启循环泵对系统进行漂洗。

5）漂洗完毕后，停泵排出漂洗液。

6）将系统再次补满新水，加入预膜剂，开泵循环对系统预膜3h。

7）预膜完毕后，排出预膜液，恢复系统各处，打扫现场卫生。

### 三、注意事项

1）遵守实训纪律，服从指导老师安排。

2）遵守安全操作规程。

3）操作时，应戴手套，以免化学药剂造成伤害。

4）本实训中的清洗和预膜时间为实际操作时间，在实训室中的清洗过程可将时间缩短，以了解步骤为主。

## 四、实训报告

1）绘制冷媒水系统图。
2）填写实训操作记录。
3）操作中出现的问题及其分析。
4）收获和体会。

思 考 与 练 习

1. 冷却水系统有哪些形式？
2. 冷却水水质管理工作的内容有哪些？
3. 水质检测主要检测哪些项目？
4. 冷却水处理方法有哪几类？常用的物理法有哪些？
5. 冷却水的化学处理所使用的化学药剂根据其主要功能分为哪几种？
6. 垢的形态有哪些？垢的危害主要表现在哪几个方面？
7. 如何选用阻垢剂？
8. 冷却水系统有哪些腐蚀类型？
9. 缓蚀剂有哪几种？各有什么优缺点？
10. 阻垢缓蚀的复合药剂的选用原则是什么？
11. 冷却水系统控制微生物的方法主要有哪些？
12. 冷却水采用化学药剂进行水处理的不足之处有哪些？
13. 闭式循环冷冻水系统的腐蚀主要原因是什么？
14. 循环水系统的清洗对象有哪些？
15. 循环水系统化学清洗方法有哪些？
16. 循环水系统的物理清洗和化学清洗各有什么优缺点？
17. 循环水系统停机化学清洗和不停机化学清洗的程序各是怎样的？

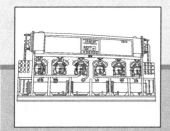

# 附　录

**1　目的**

规范中央空调系统运行管理工作，确保中央空调系统正常运行，为用户提供满意服务。

**2　适用范围**

公司所辖物业的中央空调系统运行管理。

**3　职责**

3.1　中央空调系统的运行管理由工程部统一负责。

3.2　日常的空调供应由空调运行班和中控室负责。

3.3　冷水机组、水泵、风柜、冷却塔和膨胀水箱等设备与装置的日常巡检及制冷机房、空调机房的管理由空调运行班负责。

3.4　各设备、装置及风、水管道系统的维护保养和应急抢修由空调维修班负责。

3.5　各设备的电动和配电部分的维护保养和应急抢修由电工维修班负责，空调维修班配合。

3.6　监督、验收外委单位对空调水质的处理及冷却塔和冷水机组冷凝器的清洁工作，由空调运行班负责。

**4　工作程序**

4.1　空调供应程序。

4.1.1　空调运行值班人员按照冷水机组开停机程序，在规定的时间开停冷水机组及启停相应的冷却水系统和冷冻水系统。

4.1.2　中控室值班人员按规定开关集中控制的风柜和各层新风机。

4.1.3　中央空调系统运行期间，空调运行值班人员应每隔1h将冷水机组和水泵、冷却塔的运行数据记录在相应的运行记录表上。

4.1.4　如有用户需要延时空调服务，按有关有偿服务规定执行。

4.1.5　用户有空调使用效果方面的投诉时，由空调维修值班人员去现场了解情况并给予解决。

4.2　空调设备管理程序。

4.2.1 工程部负责建立各类空调设备的运行、维护保养及检修档案。

4.2.2 工程部负责对空调设备进行标识，以便统一管理。

4.2.3 由空调工程师制订空调设备及装置维护保养的规程，经工程部经理审定后发放到相关班组，并依此制订和下达相关工作计划。

4.2.4 如用户装修涉及空调设备或装置的变动，按有关装修规定执行。

4.3 空调设备维修程序。

4.3.1 在日常运行中，空调运行值班人员应按照有关设备及装置巡回检查规定进行巡检，发现问题要及时反映，以便维修人员尽快到位检修，检修后要将有关情况记录在"检修记录表"上。

4.3.2 空调维修班和电工维修班人员应按照空调设备及装置维护保养计划，定期对空调设备及装置进行维护保养，并将维护保养情况记录在"设备及装置维护保养记录表"上。

4.3.3 用户有空调设备及装置方面的投诉时，由空调维修值班人员到现场检查，如属一般性维修，不涉及零部件的更换，则及时处理；如需要换零部件等，按有关维修规定执行。

4.4 空调水处理程序。

4.4.1 空调水处理委托专业水处理公司进行，具体内容参见委托合同。

4.4.2 外委单位完成水质处理及冷却塔或冷水机组冷凝器的清洁工作后，由空调运行值班人员负责在其工作单上签署验收意见，并留一份交工程部存档。

4.4.3 水处理公司出具的水质检验报告由工程部存档。

**5 相关支持性文件和记录**

5.1 离心式冷水机组操作规程。

5.2 离心式冷水机组运行记录表。

5.3 水泵、冷却塔运行记录表。

5.4 中央空调系统巡回检查规程。

5.5 加时服务申请单。

5.6 设备技术性能卡片。

5.7 空调设备及装置维护保养规程。

5.8 设备及装置维护保养记录表。

5.9 空调设备或装置变动申请单。

5.10 设备（装置）检修记录表。

5.11 设备（装置）维修通知单。

## 附录 B　离心式冷水机组操作规程

**1 目的**

规范离心式冷水机组操作程序，确保安全、正确地操作冷水机组。

**2 适用范围**

公司所辖物业使用的中央空调系统所配冷水机组的操作。

**3 职责**

3.1 空调工程师/空调运行班班长负责检查"离心式冷水机组操作规程"的执行情况。

3.2 空调运行值班人员具体负责冷水机组的操作。

**4 操作要点**

4.1 开机前的检查。

4.1.1 检查电源电压的指示是否在额定值的 ±10% 范围内。

4.1.2 检查油位是否超过低位视镜,油温为 60~63℃。

4.1.3 检查导叶是否关闭,控制位是否在"自动"位置上。

4.1.4 检查冷冻水供水温度设定值是否为 7℃。

4.1.5 检查主电动机电流限制设定值是否在 100% 的位置上。

4.1.6 控制屏的各种显示是否正常。

4.2 开机。

4.2.1 起动冷冻水泵。

4.2.2 起动冷却塔风机。

4.2.3 起动冷却水泵。

4.2.4 起动压缩机。

4.3 停机。

4.3.1 关闭导叶。

4.3.2 停压缩机。

4.3.3 停冷却塔风机。

4.3.4 停冷却水泵。

4.3.5 停冷冻水泵。

4.4 相关支持性文件与记录。

## 附录 C　空调设备及装置维护保养规程

**1 目的**

规范空调设备及装置维护保养工作,确保空调设备及装置在良好的状态下运行。

**2 适用范围**

公司所辖物业中央空调系统所使用的各类空调设备及装置的维护保养。

**3 职责**

3.1 工程部经理负责审定"空调设备及装置维护保养年度计划",并检查该计划的执行情况。

3.2 空调工程师负责制订"空调设备及装置维护保养年度计划",并组织该计划的实施。

3.3 空调维修班和电工维修班具体负责空调设备及装置的维护保养工作。

3.4 公共事务部负责向有关用户通知停用空调和进行维护保养的情况。

**4 工作要点**

4.1 风机盘管的维护保养。

4.1.1 一个月检查一次温控开关的动作情况,若不正常或控制失灵,要及时修理或更换。

4.1.2 过滤网一般三个月清洁一次。

4.1.3 滴水盘一般一年清洗两次。

4.1.4 盘管视翅片间附着的粉尘情况，一年吹吸一次或用水清洗一次，翅片有压倒的要用驰梳梳好。

4.1.5 根据风机叶轮沾污粉尘的情况，一年清洁一次。

4.1.6 一年检查一次滴水盘、水管、风管保温层的情况，若破损要及时修补或更换。

4.1.7 一年检查一次电磁阀开关的动作情况，若不正常或控制失灵要及时修理或更换。

4.2 冷却塔的维护保养

4.2.1 通风装置的紧固情况一周检查一次。

4.2.2 风机皮带两周检查一次，调节松紧度或进行损坏更换。

4.2.3 两周检查一次风机叶片与轮毂的连接紧固情况及叶片角度是否变化。

4.2.4 布水装置一般一个月清洗一次，要注意布水的均匀性，发现问题及时调整。

4.2.5 填料一般一个月清洗一次，发现有损坏的要及时填补或更换。

4.2.6 一般一个月清洗一次集水盘和出水口过滤网。

4.2.7 减速箱中的油位一个月检查一次，若达不到油标规定位置要及时加油。此外，每运行六个月检查一次油的颜色和黏度，若达不到要求则必须更换。

4.2.8 风机轴承使用的润滑脂一年更换一次。

4.2.9 电机的绝缘情况一年测试一次。

4.2.10 冷却塔的各种钢结构件需要刷漆防腐的两年进行一次除锈刷漆工作。

4.3 水泵的维护保养。

4.3.1 每天检查轴承的润滑油位情况，缺油时要及时添加。

4.3.2 每天注意紧固松动的地脚螺栓和连接螺栓的螺母。

4.3.3 每天检查轴封（盘根）是否漏水，随时进行调整和损坏更换。

4.3.4 一年进行一次解体清洗，发现有损坏的零部件要予以更换。

4.3.5 视情况一～三年对泵体刷一次油漆。

4.4 单元式空调机的维护保养。

4.4.1 两周清洁一次空气过滤网。

4.4.2 两个月清洁一次接水盘。

4.4.3 风机皮带两个月检查调整一次。

4.4.4 三个月清洁一次蒸发器的翅片。

4.4.5 风机轴承一年换一次润滑油。

4.4.6 水冷冷凝器一年拆下端盖清洗一次。

4.4.7 两个月清洁一次风冷冷凝器翅片及风扇叶片。

4.4.8 一年检查一次室内机和风冷冷凝器风机电动机的绝缘情况。

4.4.9 三年更换一次风冷机室内外机连接管保温层的包扎带。

4.4.10 半年对空调机内外进行一次清洁并拧紧所有紧固件。

4.5 风管系统的维护保养。

4.5.1　三个月检查一次各种风阀的灵活性、稳固性和开启的准确性，并进行必要的润滑和堵漏。

4.5.2　三个月对送回风口进行一次清洁和紧固，带过滤网的风口要两周清洁一次过滤阀。

4.5.3　半年检查一次风管保温层或保护层，脱落或破损的补好，开胶的重新粘好。

4.5.4　一年检查一次风管系统的支承构件，损坏的要修复，松动的要紧固，锈蚀的要除锈刷漆。

4.5.5　风管与风柜间的软接头两个月检查一次，若有破损要及时修补。

4.6　水管系统的维护保养。

4.6.1　两个月检查一次管道系统中的自动排气阀动作情况，对动作不灵的要修理或更换。

4.6.2　水泵吸入口处的水过滤器要三个月拆开清洁一次。

4.6.3　半年检查一次水管保温层或保护层，脱落或破损的要补好，开胶的要重新粘好。

4.6.4　室内六个月、室外三个月给阀门加注一次润滑油，同时对不经常动作的阀门要手动几个来回，防止锈死。

4.6.5　一年通断电检查一次电磁阀和电动压差调节阀。

4.6.6　膨胀水箱内要一年清洁一次，并对箱体及钢结构基座进行一次除锈刷漆。

4.6.7　一年检查一次水管系统的支承构件，损坏的要修复，松动的要紧固，锈蚀的要除锈刷漆。

4.7　测控系统的维护保养。

4.7.1　半年对控制柜内外进行一次清洁，并紧固所有接线螺钉。

4.7.2　检测器件（温度计、压力表、传感器等）和指示仪表一年校准一次，达不到要求的更换。

4.7.3　一年清洁一次各种电气元器件（如交流接触器、热继电器、自动空气开关、中间继电器等）。

4.8　冷水机组的维护保养（按年度）。

4.8.1　测量主电动机的绝缘电阻，检查其是否符合机组规定的数值。

4.8.2　校正压力传感器。

4.8.3　检查测温探头。

4.8.4　检查各安全保护装置的整定值是否符合规定要求。

4.8.5　清洁浮球阀室内部过滤网及阀体，手动浮球阀各组件，看其动作是否灵活轻巧，检查过滤网和盖板垫片，有破损的要更换。

4.8.6　手动检查导叶开度是否与控制指示同步，并处于全关闭位置；传动构件连接是否牢固。

4.8.7　更换油过滤芯、油过滤网。

4.8.8　更换干燥过滤器。

4.8.9　不论是否已用化学方法清洗，每年必须采用机械方法清洗一次冷凝器中的水管。

4.8.10　每三年清洗一次蒸发器中的水管。

4.8.11　根据油质情况，决定是否更换新冷冻油。

4.9　空调设备或装置因维护保养等原因需停用时，应由空调工程师填写"设备停用申请表"，经工程部经理批准后通知公共事务部，由公共事务部转告用户。

**5　相关支持性文件和记录**

5.1　设备维护保养记录表。

5.2　设备停用申请表。

# 参 考 文 献

［1］陈沛霖，岳孝芳．空调与制冷技术手册［M］．上海：同济大学出版社，1990.

［2］李金川．空调运行管理手册［M］．上海：上海交通大学出版社，2000.

［3］付小平．中央空调系统运行管理［M］．北京：清华大学出版社，2012.

［4］李媛英．中央空调运行管理与维护［M］．北京：机械工业出版社，2012.

［5］齐长庆．中央空调系统操作员［M］．北京：机械工业出版社，2011.

［6］王福珍．空调系统调试与运行［M］．哈尔滨：哈尔滨工业大学出版社，2002.

［7］张百福．空调制冷设备维修手册［M］．北京：新时代出版社，1996.

［8］李庆宜．通风机［M］．北京：机械工业出版社，1981.

［9］戴永庆．溴化锂吸收式制冷技术及应用［M］．北京：机械工业出版社，1996.

［10］何耀东．空调用溴化锂吸收式制冷机（结构操作维护）［M］．北京：中国建筑工业出版社，1996.

［11］张林华，曲云霞．中央空调维护保养实用技术［M］．北京：中国建筑工业出版社，2004.

［12］魏龙．制冷与空调设备［M］．北京：机械工业出版社，2014.